AF325919

RELIQUIÆ POURRETIANÆ.

RELIQUIÆ POURRETIANÆ

PAR

M. E. TIMBAL LAGRAVE,

Membre de plusieurs Sociétés savantes.

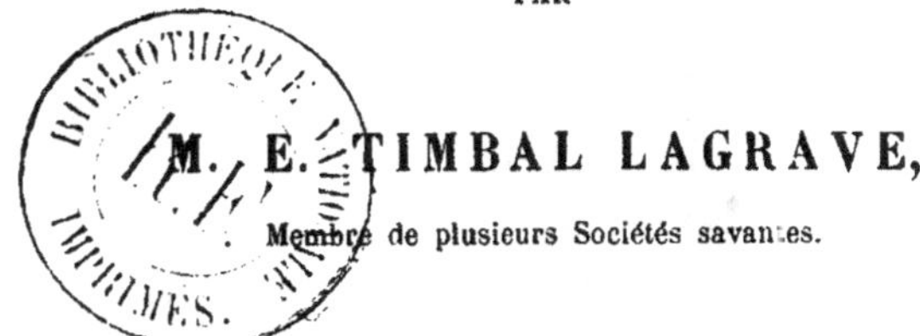

Ouvrage accompagné d'un portrail et d'une planche.

TOULOUSE

AU SECRÉTARIAT GÉNÉRAL

DE LA SOCIÉTÉ DES SCIENCES PHYSIQUES ET NATURELLES

3, Rue du Moulin Bayard, 3

1875.

P. A. FOURRET.

Extrait du Bulletin de la Société des Sciences Physiques et Naturelles de Toulouse.

Vol. II. p. 1 a 147.

Il y a déjà plus de dix ans que nous cherchions à retrouver les traces des premiers pas de Pourret dans l'étude de la phytographie. Nous connaissions de lui deux ouvrages : l'un, de 1783, intitulé : *Projet d'une histoire générale de la famille des Cistes*, manuscrit conservé dans les archives de l'Académie des sciences, inscriptions et belles-lettres de Toulouse; l'autre, de 1784, la *Chloris Narbonensis*, imprimé en partie dans les Mémoires de la même société savante. Mais il devait en exister un troisième, le premier et peut-être le plus intéressant de tous, intitulé : *Itinéraire pour les Pyrénées*, de 1781, dont l'existence nous était signalée dans les ouvrages de Chaix, de Villar et de Lapeyrouse. La lecture de la correspondance de Pourret avec Lapeyrouse, correspondance dont nous dûmes la communication à l'obligeance de M. le docteur Judan, vint encore augmenter nos désirs et exciter notre zèle; mais nos efforts furent vains et ce travail restait toujours introuvable.

Tout en multipliant nos recherches, nous résolûmes de parcourir les localités si bien explorées par ce botaniste éminent, et d'y recueillir les plantes nouvelles ou critiques signalées par lui et souvent méconnues de nos floristes. Nous visitâmes suc-

1

cessivement *Saint-Paul de Fenouillet*, *Saint-Antoine de Galamus*, le pont de la *Fou*, *Durban*, *Villeneuve*, *Cascastel*, *Montlouis*, la vallée d'*Eynes*, etc., et nous pûmes dès lors nous convaincre de la sagacité, de la justesse du coup-d'œil et de la connaissance approfondie des plantes de cette région que possédait, à un si haut degré, cet explorateur consciencieux et modeste.

Nos herborisations de *Saint-Antoine* et du pont de la *Fou* furent distribuées à nos correspondants, et cet alors que l'un d'eux, M. C. Roumeguère, eut l'idée, en les parcourant, de nous communiquer une copie d'un manuscrit inédit de Pourret, faite par *Barrèra*, botaniste de Prades (*Pyr.-Or.*). Or, ce manuscrit était précisément l'*Itinéraire pour les Pyrénées*, cet ouvrage que nous commençions à désespérer de retrouver jamais ! Ajoutons que M. C. Roumeguère eut la gracieuse obligeance de nous autoriser à le publier ; qu'il en reçoive ici tous nos remercîments.

C'est en parcourant ce travail d'un jeune homme de vingt-cinq ans à peine, que les botanistes pourront apprécier à sa juste valeur la prodigieuse aptitude de Pourret pour la détermination des espèces, détermination dans laquelle il n'était aidé, cependant, que par les ouvrages, alors en vogue, de Gouan et de Linné, qui prêtent si peu à la délimitation exacte des formes d'une flore locale. Néanmoins, cet illustre explorateur n'a presque jamais commis d'erreurs ; celles qui lui ont échappé tiennent plutôt à la concision, ou au vague des diagnoses linnéennes qu'aux propres défaillances de son esprit, et on ne peut lui reprocher une seule de ces fautes grossières, dans lesquelles la plupart de ses contemporains sont si souvent tombés.

La lecture de ce manuscrit soulève aussi une question très-grave et nous impose un devoir pénible à remplir, mais devant l'accomplissement duquel nous ne reculerons pas ; car, c'est un acte de justice. C'est, en effet, dans l'*Itinéraire pour les Pyrénées* que nous voyons consignées bon nombre d'espèces nouvelles, dont le nom apparaît pour la première fois dans la science, et qui, aujourd'hui, sont inscrites dans nos flores, sans que le nom de Pourret les accompagne, et apprenne à tous qu'il en est le créateur. C'est que Lamarck, Lapeyrouse et même Villar, abusant de la bonté et trompant la bonne foi de Pourret, n'ont pas craint de s'approprier les espèces que, dans sa généreuse confiance, il leur avait communiquées. Sans doute, les règles de la nomenclature sont inflexibles, et Pourret, en ne faisant pas imprimer son ouvrage, a perdu tous ses droits de priorité légale ; mais, en fait, la priorité de la découverte ne saurait lui être constestée, ainsi que nous le démontrerons clairement. Et si nous ne pouvons dépouiller les auteurs de ces larcins, des fruits de leur indélicate conduite, du moins nous sera-t-il permis de flétrir une aussi déplorable façon d'agir. Cette basse jalousie, cette soif malsaine de renommée, qui pousse certaines personnes à se parer des plumes du paon, pour dissimuler leur propre indigence, mérite la sévère réprobation des honnètes gens. Elle ne saurait d'ailleurs atteindre le but ; car la vérité finit tôt ou tard par avoir son jour, et il ne reste aux coupables que la honte pour tout bénéfice. Si Lapeyrouse, et surtout Lamarck, eussent eu plus de probité scientifique, leur vraie gloire en serait aujourd'hui accrue, et nous ne serions pas obligé d'écrire ces lignes, qui nous attristent.

Notre intention était d'abord de ne publier que cette première œuvre de Pourret ; mais, afin que l'hommage que nous voulons rendre à la mémoire méconnue de cet illustre explorateur de la Gaule Narbonnaise soit plus complet, nous avons pensé qu'il fallait y joindre tout ce qu'il nous reste de lui sur la flore française. Nous livrerons donc à l'impression son *Histoire générale de la famille des Cistes*, qui, quoique inachevée, n'est pas indigne de voir le jour, ainsi que sa *Chloris Narbonensis*, dont la première édition, depuis longtemps épuisée, n'existe que dans quelques bibliothèques privilégiées. Chacun de ces ouvrages sera accompagné de notes critiques et synonymiques, destinées à les mettre au courant de la science moderne, et à faire ressortir dans tout son éclat, la part considérable prise par cet infatigable explorateur dans la vulgarisation des espèces du midi de la France. Enfin, nous joindrons à ce travail une *Notice biographique* détaillée et un portrait authentique de Pourret, portrait donné par Pourret, lui-même, au docteur Pech, qui dirigea ses premiers pas dans l'étude de la botanique, et que ce dernier avait légué à M. Tournal, savant botaniste de Narbonne, de qui le tenait M. C. Roumeguère, lequel a bien voulu aussi le mettre à notre disposition. Puissent ces faibles efforts d'un de ses plus sincères admirateurs, contribuer à faire sortir Pourret de l'oubli immérité, dans lequel il est tombé et à lui rendre la place honorable qui lui est due, parmi les plus célèbres phytographes.

E. Timbal-Lagrave.

Toulouse, le 15 novembre 1874.

— 5 —

I

NOTICE BIOGRAPHIQUE

SUR L'ABBÉ POURRET (1).

Pierre-André POURRET naquit à Narbonne, en 1754 ; il appartenait à une famille honorable de cette ville, qui, en 1731, comptait déjà un de ses membres au nombre des chanoines de la paroisse Saint-Sébastien. La famille Pourret dut s'allier à la famille Figeac, très nombreuse à Narbonne ; car notre abbé était désigné, en 1809, parmi les membres correspondants de l'Académie des sciences de Toulouse, sous le nom de Pourret-Figeac ; et dans une lettre, qu'il écrivait de Santiago, à M. de Lapeyrouse, sous la date du 14 février 1816, il s'arroge bravement la particule nobiliaire et signe : Pourret de Figeac ; c'était, alors, une prétention à la mode.

Après avoir parcouru avec distinction les divers degrès de l'enseignement ecclésiatique, le jeune Pourret se livra avec une ardeur sans égale à l'étude de la botanique et devint l'un des meilleurs élèves du docteur Pech, naturaliste distingué de Narbonne. Voici, au reste, en quels termes l'abbé Pourret nous fait connaître ses premiers pas dans la science : « Attaché par un goût instinctif à l'étude de l'histoire naturelle, j'avais commencé, dit-il, à étudier la botanique dès ma plus tendre enfance. L'habitude de voir des plantes m'avait donné de la facilité pour les reconnaître et en causer. La connaissance de la plupart des espèces du pays que j'habite, me fournit de bonne heure les moyens de correspondre avec divers savants du premier ordre,

(1) Cette Notice est extraite du travail de M. Galibert, intitulé : *La vie et les travaux du botaniste P. A. Pourret* (*Revue de Toulouse, 1re livr. de juillet 1867*).

qui , m'honorant d'une bienveillance particulière et d'une prévention flatteuse, que je ne méritais pas , m'engagèrent à bien
observer les plantes de notre Gaule , pour en donner dans la
suite une histoire qui fût plus vraie , mieux soignée et plus
étendue que les *Botanicon* et les *Flora*, connus sous le titre de
Montpellier. La jeunesse est ardente ; je formai dès lors le
projet d'étudier assidûment les plantes de ma province , dont
j'espère d'être un jour à portée de publier l'histoire complète. »

Dans une lettre qu'écrivait Pourret au baron de Lapeyrouse ,
sous la date du 30 mai 1777, on trouve encore des détails
intéressants sur ses premiers travaux : « Les différentes herborisations que j'ai faites de tout côté pendant trois ans consécutifs
(1774 à 1777, Pourret avait alors 20 à 23 ans), aux environs
d'Agde, de Montpellier, de Nîmes , d'Uzez, d'Alais , dans les
Cévennes , dans quelques cantons du Vivarais et de la Provence,
m'ont facilité le complément du *Flora Monspeliaca* que j'avais
entier, à une vingtaine de plantes près , avant de partir de
Narbonne, où j'en avais trouvé un grand nombre de totalement
nouvelles , et une infinité d'autres rares que nous procure le
voisinage d'Espagne, par le moyen de la côte. Les autres excursions m'ont fait rencontrer peu de plantes que je n'eusse pas
déjà ; mais elles me les ont présentées sous divers points de
vue, à raison du sol qui les produisait. Outre cela, j'ai herbo-
risé dans les jardins, et avec les plantes qui m'ont été envoyées
de divers endroits, je me suis formé un herbier qui contient
5,000 espèces , sans compter les variétés, au moyen duquel et
de quelques livres je tâche de me rendre utile à mes amis. »
Voilà quels sont les premiers résultats d'un botaniste de vingt
ans ; évidemment ils promettent !

C'est animé de cet ardent désir de s'instruire et d'être utile à
la science que Pourret parcourut les *Corbières*, le *Donazan*, le
Capsir, la *Cerdagne* ; qu'il fouilla jusqu'aux dernières anfrac-
tuosités du *Llaurenti*, de la vallée d'*Eynes*, des montagnes de
Madres et du col de *Jau*. Suivons-le , un instant, dans ces intéressantes excursions :

« Le *Pech de Bugarach*, dit-il , est la montagne la plus riche
de celles qui se trouvent aux environs de Narbonne ; je soup-

çonne cependant celles de *Caudiès* d'être beaucoup plus fertiles
en plantes sous-alpines. J'ai trouvé au *Pech* les *Lilium pyrenaï-
cum* et *bulbiferum*, le *Scilla lilio-hyacinthus*, plusieurs *Narcisses*
et une infinité d'autres jolies plantes, dont je ferai le catalogue.
Aux environs de *Bugarach* on rencontre un bois de sapin,
appelé le *Bélouse de Cams*. C'est là que l'on voit en abondance
la *Sanicle*, l'*Hépatique* et quantité d'autres plantes sous-alpines, qui, jointes à celles du *Pech*, forment une collection de
plantes que l'on ne trouve que très-éparses sur les montagnes
des Cevennes. L'ermitage de *Saint-Antoine* et le pont de la *Fou*
n'ont jamais été visités que très-rapidement ; on y trouverait
bien des choses à recueillir si on les parcourait avec soin. Le
Daphne dioïca ne vient pas seulement dans les deux endroits ;
il croît aussi au-delà de *Bugarach*, et tout auprès, j'ai eu le
plaisir d'y en trouver un tout-à-fait nouveau, voisin du *Mezereum ;* mais ce n'est pas lui. »

« La montagne de *Notre-Dame de Pena*, qui n'est connue
que par l'*Anthyllis cytisoïdes*, est une montagne assez fournie en
plantes sous-marines ; j'y ai trouvé abondamment le *Coris*, le
Lagurus cylindricus, l'*Alyssum spinosum*, ma *Centaurea maritima*. Elle ne diffère de celle qui croît aux environs de Narbonne
(et qui a été regardée comme nouvelle par tous ceux qui l'ont
vue), qu'en ce qu'elle est plus verte et moins visqueuse. Ce ne
sont que des variétés locales qui ne me feront changer que le
nom spécifique de ma plante, qui serait très-bien appelée
Centaurea scabiosa, s'il n'y en avait déjà une dans Linné qui
diffère de la mienne. »

Le désir d'agrandir ses connaissances, l'attrait des découvertes
attirèrent insensiblement Pourret au-delà des Pyrénées ; et, en
compagnie de Broussonnet et de Sibthorp, il descendit dans les
plaines de la Catalogne, alla payer un juste tribut d'admiration
aux travaux des frères Salvador de Barcelone, qui avaient
été les amis et les collaborateurs de Tournefort et de Jussieu ;
puis, il porta ses excursions jusque sur les crêtes du *Monserrat*,
et rentra en France par *Nouri* et la vallée d'*Eynes*.

Nous voici parvenus en 1778, époque fatale pour les sciences naturelles, qui firent, cette année, une perte immense ! Le

grand Linné succombait, moins sous le poids de l'âge que sous celui de la fatigue et des infirmités. Pourret se recueille alors ; il examine avec calme la situation, et voici le jugement qu'il porte sur la plupart des hommes qui planent dans les hautes régions de la science botanique.

« Linné est mort ! son fils lui succède dans la place d'intendant du Jardin et se propose d'en soutenir le nom, tâche bien difficile à remplir ! Je ne sais si nous serons assez heureux pour retrouver des Linné, des Jussieu, des Haller ; voilà trois grands hommes qui se sont suivis de bien près ; il ne nous reste plus que M. Séguier en France, et son âge ne nous promet pas d'en jouir aussi longtemps que l'on pourrait le désirer. Adanson pourrait bien remplacer l'un des quatre botanistes donc je viens de parler ; il n'a point d'égal au monde pour sa vaste érudition et pour ses connaissances en histoire naturelle et principalement en botanique; mais c'est un homme si extraordinaire..., si extraordinaire !

» Je pense que Thumberg deviendra le chef de la botanique en Suède ; car Bergius est aujourd'hui comme retiré, à moins que ce ne soit Alstroëmer qui remplace Linné ?

» Il est fâcheux pour Linné d'avoir cru trop aisément les auteurs qu'il n'a fait que copier ; il me serait facile de faire voir dans le seul genre des *Cistes* une infinité de bévues dans lesquelles il est tombé pour avoir été trop crédule.

» Plus je vais, plus je reconnais combien peu l'on doit négliger les variétés dans la description des espèces ; il est bien certain que je les aime un peu plus que Linné et ses esclaves sectateurs. On retrouve dans nos prés bien des plantes qui ne viennent que sur le sommet des montagnes ; aussi, l'œil exercé du naturaliste est frappé de la diversité d'aspect que détermine la différence du sol; une petite plante tomenteuse ou hérissée de poils, vient, dans les plaines, dix fois plus grande et perd son *tomentum* ou son *hispiditas.* Si un botaniste, qui décrit une plante, n'a pas vu cette espèce dans tous les états possibles, qu'en résultera-t-il? Vous sentez combien on aura de la peine à découvrir le nom de cette plante, surtout si l'on fait attention à la grandeur, que Linné, mal à propos, a fait

entrer souvent dans ses descriptions. Il faut qu'un auteur né-
glige absolument tous les accidents, faisant abstraction de toute
espèce de variété locale, ou qu'il les concilie toutes, pour qu'il
suive la marche de la nature et qu'il la fasse connaître à son
tour.

» Si Linné, à qui assurément les botanistes doivent d'éternel-
les obligations, n'avait pas prétendu simplifier la science en
rejettant toutes les variétés, il serait aisé peut-être de reconnaître les espèces qui élèvent souvent des doutes dans l'esprit
de ceux qui aiment à les comparer. Adanson ne considère, pour
bien connues, que quatre mille plantes sur les douze mille dont
Linné a parlé. A la vérité, on peut regarder le jugement de ce
savant botaniste comme suspect lorsqu'il s'agit de Linné ; mais
on ne saurait se refuser à le croire, lorsqu'il dit que les descriptions de Linné sont incomplètes, puisqu'elles ne portent
que sur certaines parties qu'il a jugées suffisantes. »

« Depuis que j'ai eu l'avantage de vivre avec le savant et
respectable M. Séguier, j'ai cessé d'être aussi partisan de Linné,
et suis devenu le sien. Dans les *Plantæ veronenses*, Linné a
regardé souvent comme espèces, bien des plantes qui ne sont
que des variétés ou pour la couleur, ou pour quelque petit
accident. Je me garderai bien d'embrasser strictement cette
façon de penser qui était aussi celle de Tournefort ; je regarde
comme espèce une plante qui, quoique provenant d'une autre,
se reproduit constamment avec des feuilles, des corolles, des
calices, des fruits différents. »

Maintenant Pourret a suffisamment étudié la nature, exploré,
colligé ; il éprouve le besoin de se manifester, de se résumer,
de livrer au monde savant le résultat de ses réflexions, de ses
recherches, de ses observations. C'est ce qu'il fit en soumettant
à l'Académie des sciences de Toulouse, de 1783 à 1784, deux
mémoires, ayant pour titres : 1° *Projet d'une histoire générale
de la famille des Cistes* ; 2° *Relation d'un voyage fait depuis
Narbonne jusqu'au Montserrat par les Pyrénées*. C'est dans ce
dernier travail qu'était renfermée le *Chloris Narbonensis*.

Ces deux ouvrages furent trouvés remarquables, et Pourret
fut élu membre correspondant de l'Académie. Malheureusement,

soit insuffisance de fonds , soit indifférence, une faible partie du *Chloris* fut seule imprimée, le reste fut relegué dans la poussière des archives et livré à la rapacité des plagiaires.

Si l'Académie de Toulouse eût été en situation d'imprimer *in extenso* ces deux mémoires, ainsi qu'ils méritaient de l'être ; si la jalousie secrète de Lapeyrouse n'eût pas aussi contribué à écarter doucement les travaux de Pourret, leur impression simultanée aurait immédiatement donné à l'auteur une grande notoriété ; cette publication eût attiré sur lui l'attention des naturalistes , et l'aurait mis en demeure d'accomplir d'autres travaux. Au lieu de publier ces mémoires , tels qu'ils avaient été produits, que fit l'Académie? elle tergiversa ; elle en ajourna sans cesse l'impression ; elle exigea réductions sur réductions. Sous le poids de ces exigences, le travail primitif de Pourret disparaît, s'amoindrit ; ce n'est plus un itinéraire ; ce n'est plus une flore ; ce devient un catalogue étriqué, sec, aride, rabougri, duquel on élimine encore une quantité considérable de plantes ; et, en définitive , il ressemble au mémoire primitif présenté par l'auteur , comme un squelette peut ressembler à un corps vivant.

Au reste, voici comment Pourret, lui-même , apprécie cette situation et le résultat des suppressions qu'on lui imposait, en vue d'une économie de frais d'impression.

En juillet 1785, il écrivait à M. de Lapeyrouse : « Faites à mon *Itinéraire* telle suppression que vous jugerez convenable ! » Le 24 avril 1787, rien n'était encore fait, et il exhalait ainsi sa douleur : « Vous savez le peu d'importance que j'ai toujours attaché à ce que je fais et encore plus à un catalogue. Vous me blâmeriez sûrement si je revenais une quatrième fois à refondre cette *Chloris*, d'abord soumise à une foule de retranchements , ensuite supprimée et remplacée par un simple catalogue, qui, quoique nombreux, pouvait, sous le point de vue où il avait été placé , être considéré comme ayant un objet d'utilité relativement à la flore de notre province. Réduit, comme on le désirerait, aux simples espèces neuves, sans descriptions et sans figures, cela n'aurait aucune mine. En attendant, avec ces lenteurs , depuis trois ans le chevalier de Lamarck en a décrit plusieurs , soit parce qu'il les tenait de moi , soit parce qu'elles lui ont été communiquées d'ailleurs ; et , s'il y a quelque satisfaction à annoncer des choses neuves, il en est plusieurs pour lesquelles je me trouve privé de cet avantage. Je n'ai pas assez de temps pour revenir sur ce que j'ai déjà fait. Souffrez donc que je ne participe pas à la suppression que l'Académie voudra y faire. J'approuverai tout , pourvu que je ne sois pas nommé ; ce qui me fâche, c'est d'avoir fait, depuis deux ans , divers envois à mes correspondants, en citant le troisième volume des *Mémoires* pour les plantes que j'ai communiquées. J'ai cru pouvoir, sans être avantageux , espérer que je ne serais pas dédit. Si l'Académie me renvoie mon manuscrit , je ferai ce que j'aurais pu faire depuis longtemps , si je n'avais cru manquer à cette savante Société : je le ferai imprimer moi-même, et j'aurais sans doute mieux fait de ne pas attendre aussi longtemps. Sans cette confiance , mes plantes, qui sont toutes décrites, auraient pu paraître avec des figures , car, il y a trois ans, j'avais quelques moyens que j'ai consacrés à d'autres objets. Je vous laisse, néanmoins, juge de cette affaire, et si vous croyez que ce catalogue, réduit ainsi qu'on le voudrait , sera encore digne de trouver une place dans votre *Recueil*, vous serez le maître de consentir à cette réduction. Vous concevez aisément que cela me doit être parfaitement indifférent, puisque je n'ai pas même la prétention qu'il soit accompagné de mon nom. Je désirerais, de tout mon cœur, pouvoir faire quelque chose qui soit digne de l'Académie ; mais les difficultés qu'on y éprouve, les contradictions dont les étrangers sont exposés à supporter les atteintes, ne me paraissent pas faites pour encourager ! »

Enfin , le 3 juillet 1787 , Pourret, poussé à bout , exténué d'ennuis, faisait son dernier envoi , qu'il accompagnait de ces mots : « Je vous adresse cet *Extrait* tel que l'Académie a paru le désirer; puisqu'il était trop long, ce maudit catalogue, je vous l'envoie réduit à un dixième pour le nombre des espèces et à un quart pour l'impression. J'imagine qu'il n'y aura plus de difficultés ; en tout cas, brûlez et l'*Itinéraire* et la *Chloris* et son *Extrait*, et n'en parlons plus... J'approuve aveuglement tout ce que l'on fera ; mais je vous promets bien de n'y plus revenir ! »

Et, pour prix de tant d'abnégation, de tous ces changements exigés, de toutes ces suppressions imposées, sacrifices si pénibles pour un auteur, qu'est-il résulté? Le silence du tombeau! Cependant, au milieu de ces circonstances poignan tes, de ces douloureuses angoisses, un éclair vint un instant luire aux yeux de Pourret, et sembla lui ouvrir des horizons nouveaux! Suivons-le dans cette nouvelle voie.

Durant son séjour à Toulouse, Mgr de Brienne avait pu apprécier le savoir de Pourret, avec d'autant plus d'autorité qu'il était lui-même très-versé dans l'étude des sciences naturelles, ainsi que son frère, lieutenant-général des armées du roi. En conséquence, il l'engagea à prendre la direction du cabinet d'histoire naturelle que ces messieurs voulaient concentrer à Paris ; Pourret s'empressa d'accepter cette position qui, bien mieux que Narbonne et Toulouse, allait lui permettre de se trouver aux sources de la science, et d'établir des rapports avec tous les botanistes d'Europe. Malheureusement, avant de s'installer à Paris, il fut obligé de se rendre à Brienne, à Bar-sur-Aude, et au château de Saint-Liez, où étaient déposés divers herbiers, des collections de plantes et de minéraux, qui devaient être minutieusement examinées et inventoriées, pour de là être dirigées sur Paris où, réunies, elles devaient composer le cabinet projeté de MM. de Brienne. Pourret employa plus d'une année à ce travail de classement.

Une fois les herbiers de la famille de Brienne rendus à Paris, Pourret vint prendre possession de la direction du cabinet; c'était pour y mettre la dernière main et l'enrichir des découvertes qu'il avait faites durant ses herborisations dans les Pyrénées et les Corbières, où il avait recueilli une foule de plantes rares, espèces alors peu connues et qui donnaient au cabinet des frères de Brienne une valeur toute particulière. Encore aujourd'hui, l'herbier de Brienne, conservé au Musée d'histoire naturelle de Paris, est considéré comme très-précieux.

L'avénement au ministère de MM. de Brienne, l'un au département de la guerre, l'autre à celui des finances, rehaussa un instant la position de Pourret, et le mit en relation avec tous les savants d'Europe. Il reçut le titre d'archidiacre, vit son traitement considérablement augmenté et s'apprêtait à se rendre en Italie pour y herboriser et étudier les riches collections botaniques de Scopoli, à Pavie ; mais les préoccupations du cardinal et la sourde agitation que l'Assemblée des Notables avait semée dans tous les esprits, l'empêchèrent de réaliser son projet. Aussi, écrivait-il en février 1788 : « Je commence à croire que mon voyage en Italie n'aura pas lieu ; le prélat est encore trop occupé pour s'abandonner aux détails de l'histoire naturelle ; notre cabinet ne s'est pas encore ressenti de sa position. »

Le 25 août 1788, le cardinal de Brienne déposait entre les mains du roi son portefeuille des finances, exemple que son frère imita, en remettant le sien le 3 novembre suivant. Dès ce moment, les travaux et les espérances de Pourret furent complétement ruinés. Il quitta la capitale et vint à Narbonne oublier son infortune. Toutefois, ne le laissons pas partir sans recueillir quelques-unes de ses notes sur les herbiers les plus célèbres qui se trouvaient alors à Paris.

« On dirait qu'une main jalouse s'est appliquée à ravager l'herbier de Tournefort. La plupart des espèces intéressantes n'y sont plus ; les étiquettes sont confondues. Je n'y ai pas trouvé la moitié des *Cistes*, et je me suis lassé de m'occuper de cet herbier, vu la confusion qui y règne. Celui de Vaillant est en bien meilleur état ; il y a cependant beaucoup à faire pour la synonymie. Quant à celui de M. de Jussieu, c'est le plus volumineux que je connaisse ; mais la plupart des plantes y sont horriblement séchées. Comme cet herbier est tout composé de dons, on y voit peu de l'écriture de Jussieu ; les espèces y sont souvent répétées, et souvent sous différents noms, parce qu'on a conservé les étiquettes du tiers et du quart, sans se permettre de les corriger, ce qui donne beaucoup plus de peine à celui qui le parcourt. M. de Jussieu s'occupe à présent, en travaillant à ses genres, à rapporter les noms de Linné aux espèces, et, dans la suite, son herbier deviendra très-intéressant, parce qu'il a chez lui tout ce qu'on trouve chez les autres ; il possède, en outre, un nombre infini d'herbiers particuliers, dont il extraira les doubles pour les rapporter au sien, et celui-ci en deviendra d'autant plus précieux. »

Malheureusement, en arrivant à Narbonne, Pourret apportait dans sa ville natale des idées peu favorables à la Révolution qui se préparait. Habitué dans les salons de Paris à penser tout haut, il ne sut pas assez se contraindre dans une petite ville de province et fut victime de la franchise de ses opinions. Soumis à des tracasseries sans nombre, poursuivi de toutes parts, persifflé, chansonné, il fut un des premiers exposé aux lois révolutionnaires et dut abandonner précipitamment sa famille et ses travaux !

Exilé de France par les événements politiques, l'abbé Pourret alla se réfugier à Barcelone où il avait déjà séjourné en 1782. Les relations, que depuis plus de dix ans il avait établies dans cette ville, lui en rendirent le séjour agréable pour sa personne et utile pour la science. Tout d'abord il fut accueilli avec empressement dans les meilleures sociétés et vécut dans l'intimité de l'évêque don Pedro Valdez, ancien inquisiteur, et du commandant de la province, le général Filangieri, frère du célèbre publiciste napolitain de ce nom. La position précaire où se trouvait Pourret ne l'empêcha pas de s'occuper de sa science favorite ; il mit en ordre le riche herbier des frères Salvador, naturalistes barcelonais ; il y ajouta la nomenclature moderne, et écrivit en castillan la biographie des deux frères (1796).

Nommé directeur du Jardin botanique de Barcelone, professeur à l'Université et membre de l'Académie des sciences de cette ville, Pourret se crut obligé d'entreprendre des travaux qui justifiassent les faveurs dont il était l'objet. A cet effet, il lut à l'Académie des sciences de Barcelone divers *Mémoires*, deux entre autres : l'un sur l'histoire naturelle du *Montserrat*, l'autre sur les volcans éteints de la vallée d'*Olot*. C'est durant son séjour à Barcelone que Pourret commença à entreprendre sa *Flore espagnole*, destinée à faire suite et à servir de complément à la *Flore* de don José Quer, ainsi qu'à celle de don Antonio Palau ; « car cet ouvrage contiendra, ajoute-t-il, la description de deux » mille plantes espagnoles, omises par Quer, et de mille, ou- » bliées ou mal décrites par Palau. » Pour publier ce travail, Pourret, qui déclinait sa condition d'étranger, sollicitait les encouragements du gouvernement espagnol ; mais, moins heureux que le botaniste genévois De Candolle, en France, il ne reçut aucun appui.

Dans l'intention de servir ses projets, quelques amis firent imprimer divers fragments de ses manuscrits ; soins inutiles, Charles IV et Godoy, son favori, demeurèrent sourds à toutes les sollicitations. « Je vis, à mon grand regret, dit Pourret, le temps s'écouler, et d'autres plus riches ou plus heureux que moi, eurent l'impudeur de me devancer, en abusant de ma bonne foi. »

Espérant que le séjour de la Capitale lui serait plus avantageux, les amis de Pourret obtinrent, pour notre malheureux compatriote, la direction du Jardin botanique de Madrid. Pourret se rendit à son poste au commencement de 1798.

Grâce aux lettres de recommandation de l'évêque de Barcelone et du capitaine général de la Catalogne, Pourret fut accueilli avec empressement dans les meilleures maisons de la capitale, et fut bientôt appelé à siéger à l'Académie royale des sciences de Madrid. Pour payer sa bienvenue dans cette honorable compagnie, Pourret y lut la deuxième partie de son *Histoire des Volcans éteints de la vallée d'Olot*, mémoire plein de faits curieux, rehaussé d'observations ingénieuses, qui lui attira les sympathies de quelques savants étrangers, entre autres du baron de Humboldt et de Willdenow, le remarquable auteur du *Species plantarum*.

Désireux de faire prospérer le Jardin botanique de Madrid, Pourret se livra à un examen sérieux de toutes les parties de ce vaste établissement, et formula ensuite ses projets d'amélioration dans un mémoire motivé, résumant tous les travaux qu'il y avait à accomplir. Ce mémoire fut d'abord goûté et approuvé pas les autorités supérieures ; mais bientôt les ennemis secrets de Pourret, les naturalistes espagnols, mécontents de voir une place qu'ils enviaient donnée à un étranger, firent surgir les critiques les plus malveillantes, et aucuns fonds ne furent accordé pour la restauration du Jardin botanique de Madrid. Le résident français Truguet, qui détestait les émigrés, fit, de son chef, circuler des notes désobligeantes pour Pourret, dont la considération et l'existence eurent beaucoup à souffrir.

D'un autre côté, rien ne pouvait surmonter les préventions que Cavanilles et Lagasca avaient fait naître contre le malheureux émigré.

Cépendant, en 1804, la faveur du roi s'étendit sur Pourret, et afin de le dégager de la situation pénible dans laquelle il se trouvait à Madrid, et pour lui faciliter les moyens de travailler, on le nomma chanoine de la cathédrale d'*Orense*, avec la faculté de ne point être assujetti à la règle.

Orense est une petite ville de Galice, sur le Meinho; quoi qu'à peine peuplée de 8,000 habitants, elle est le siége d'un évêché. Pour un naturaliste, les environs d'Orense offrent une particularité vraiment curieuse; tandis que la partie orientale subit toutes les rigueurs de l'hiver, celle opposée est constamment maintenue dans une température relativement très élevée, phénomène produit par la présence de plusieurs sources d'eau chaude qui sourdent en cet endroit et réchauffent l'atmosphère d'une manière sensible.

Pourret était à peine installé à Orense, que la fièvre jaune se déclare dans la ville et sa banlieue; bientôt tout le diocèse en est infecté. Les prières, les neuvaines, les oraisons de quarante heures furent impuissantes à conjurer le mal; on recourut à la science. Pourret était arrivé à Orense avec la réputation d'un savant à qui nulle connaissance n'était étrangère; en conséquence, on le chargea d'organiser des ambulances, d'établir un service de secours à domicile et d'aviser à tous les moyens qui pourraient combattre efficacement l'épidémie. Sa prévoyance, son activité, son savoir, répondirent à la haute idée que l'on avait conçue de lui; il fit face à toutes les exigences de ces moments critiques. Aussi, un grand nombre d'*Ayuntamientos* de la Galice et même de l'Andalousie, recoururent à ses lumières pour préserver ou guérir leurs administrés du fléau qui avait envahi ces provinces; Pourret s'acquitta avec empressement des nouvelles fonctions que la Providence et la confiance publique lui départirent; mais il négligea complétement ses études favorites.

Lorsque la santé publique fut rétablie, lorsque les symptômes morbides eurent disparu, Pourret jouit pendant quelque temps du fruit de son dévouement; puis il se disposa à reprendre ses travaux sur la flore d'Espagne. « J'étais content, dit-il, et n'aurais point cessé de l'être sans la folle ambition de cet homme trop fameux, qui ayant pris à tâche de subjuguer toute l'Europe, eut la funeste pensée de porter dans la Péninsule la guerre la plus désastreuse ; je ne pensais pas qu'on pût me faire un crime de ma naissance dans un pays où j'avais donné tant de preuves de mon attachement et de mon zèle pour sa prospérité, et où je pouvais me flatter d'avoir été constamment chéri et honoré. Cependant, le nom français y devint si odieux, surtout parmi le bas peuple, que je me vis publiquement insulté ; et probablement j'aurais été victime de la fureur populaire si je n'eusse pris le parti d'abandonner cette ville devenue tout-à-coup inhospitalière pour moi ! »

Ces pressentiments ne tardèrent pas à se réaliser. Le jour même où Pourret se disposait à quitter Orense, la populace envahit sa demeure, saccagea ses meubles, dispersa ses livres, déchira ses manuscrits et détruisit une grande partie de son herbier. Un serviteur fidèle parvint à peine à sauver quelques cahiers maculés et quelques lambeaux de plantes séchées !

Instruit des dangers qu'avait courus l'abbé Pourret à Orense, et afin de le soustraire à ceux auxquels il pourrait encore être exposé, le général Filangieri, qui commandait à cette époque les troupes concentrées dans la Galice, conféra à son ami le titre de vicaire-général et d'aumônier de l'armée, avec ordre de venir le joindre au plus tôt à son quartier-général. L'abbé Pourret s'empressait de se rendre à l'invitation de Filangieri, lorsque se trouvant à peine à deux lieues du camp, il apprend que le malheureux général venait d'être assassiné par ses soldats qui le trouvaient trop modéré !..... Dans l'état d'exaltation où étaient alors les esprits en Espagne, Pourret, en sa qualité de Français, courait les plus grands dangers s'il se fût rendu à son poste. Il rebroussa chemin, errant à l'aventure, se cachant le jour, voyageant la nuit, et n'ayant aucun asile assuré ! Enfin, à force d'allées et de venues, il trouva un refuge dans un couvent de Bénédictins, situé au milieu des montagnes rocheuses du *Vieïro*, le seul peut-être en Espagne qui , par sa situation , ne fût pas exposé à la fureur des Français et à la haine des Espagnols. « Ma retraite , dit Pourret, devint heureuse pour moi dans les circonstances actuelles , car elle me ramena à mes anciennes études. Entouré de montagnes sub-alpines , je me plaisais à en gravir les rudes aspérités ; quelques plantes particulières , qui me tombèrent sous la main dans mes premières excursions, me firent deviner que le pays que j'habitais devait m'en fournir de plus rares. Je résolus alors de le parcourir avec soin , et mes espérances ne furent point déçues. Quoique je n'eusse aucun livre de botanique avec moi , ni d'autres ressources que ma mémoire , j'entrepris de recueillir, de classer , de déterminer tout ce que je rencontrais, et de décrire les espèces neuves et rares qui paraissaient l'exiger. Grâce à ce travail soutenu , je finis par me trouver avec un nombreux herbier de plantes presque toutes différentes de celles que m'avaient fournies mes herborisations multipliées en Catalogne, dans le royaume de Valence , dans les deux Castilles, et surtout dans le riche royaume de Galice , ainsi que dans une partie du Portugal. Aussi, me considérant alors, après vingt-six ans, comme transporté dans les Pyrénées , qui me rappelaient encore les belles années de ma vie , et me croyant par là même presque rajeuni , je commençais à m'attacher à ma nouvelle existence, lorsque les événements de 1814 m'obligèrent à y renoncer. »

La déroute de l'armée française à Victoria et les désastres de Leipsig avaient fait pâlir l'étoile impériale ; et obligèrent Napoléon à rendre la liberté aux Bourbons d'Espagne, détenus à Valençay. Dès lors Ferdinand VII , ses frères et ses oncles, purent retourner dans la Péninsule.

Dès qu'il apprit l'arrivée à Madrid de le famille royale, Pourret , en sa qualité de royaliste éprouvé , s'empressa de quitter son refuge du Vieïro pour venir saluer le roi et surtout l'infant don Antonio, oncle de Ferdinand VII, protecteur éclairé des sciences et de ceux qui les cultivent. A la suite d'un entretien particulier qu'il eut avec le roi, et dans lequel il exposa les malheurs qu'il avait éprouvés, et les travaux auxquels il se livrait, celui-ci nomma Pourret chanoine trésorier de l'église métropolitaine de *Santiago* de Galice, la seconde d'Espagne, mais la plus renommée par son sanctuaire et ses riches do tations.

Lors de l'arrivée de Pourret à Santiago, le chapitre s'occupait d'une nouvelle répartition des immeubles; il en profita pour se faire adjuger une superbe maison dans le meilleur quartier, ainsi qu'un établissement rural aux portes de la ville.

Le domaine rural (*tenencia*), affecté en canonicat de Pourret, produisait: 500 *fanègues* de maïs, 300 de blé, 200 d'orge et 80 de fèves. Les prairies fournissaient le fourrage nécessaire à quatre bœufs de charrue et servaient, en outre, à la dépaissance de six vaches laitières. A ces revenus en nature, venait s'ajouter une pension de 45,000 à 50,000 réaux (11,200 à 12,200 fr.). Ce n'était pas trop mal, comme on voit, pour un émigré ; mais cette bonne fortune lui arrivait un peu tard, ainsi qu'il le fait remarquer lui-même : « La fortune a paru vouloir me sourire, lorsqu'à peine je puis me promettre d'en jouir encore quelques années. Si elle fût venue lorsque ma vue n'était point aussi affaible qu'elle l'est aujourd'hui, le temps que j'ai employé, en Espagne, à écrire, ne serait peut-être pas tout-à-fait perdu pour moi et pour elle. »

Toutefois, l'installation de Pourret à Santiago ne fut pas entièrement inutile à la propagation de la science.

Dans sa *tenencia*, Pourret créa un délicieux parterre où bientôt s'épanouirent les plus belles fleurs, alors connues ; il y fit construire une magnifique orangerie, planter un verger ; il convertit une certaine étendue de terre en potager où il s'appliqua à introduire les meilleures variétés de plantes alimentaires. Tous ces soins et cette heureuse transformation attirèrent à la *tenencia* de Pourret de nombreux visiteurs, qu'il se plaisait à initier à la science de la botanique. Le charme de sa parole, l'intérêt qu'il donnait à ses démonstrations, convertirent bientôt une grande partie de ses visiteurs bénévoles en élèves assidus et très-attachés aux leçons du maître. De ce nombre, fut D. Ramon de la Sagra, qui est devenu directeur du Jardin botanique de la Havane, correspondant de l'Institut de France, et à qui la science est redevable d'ouvrages fort remarquables sur l'histoire naturelle des régions tropicales.

Après s'être confortablement installé à Santiago , Pourret songea à recouvrer les débris de ses manuscrits et de son herbier, que ses domestiques et quelques amis avaient sauvés , avons-nous dit, du sac d'Orense ; mais , hélas ! depuis sept ans, les rats , les vers et la moisissure avaient considérablement ajouté aux ravages des insurgés ! Voici en quels termes Pourret déplora cette ruine :

« Les papiers sauvés à Orense sont si tronqués et si en désor-dre, qu'il ne m'est plus possible de penser à les remettre sur leur courant, et encore moins à réparer les lacunes de l'herbier, qui, cependant , a souffert un peu moins. Celui ci tel qu'il est , ne laisse pas que d'être intéressant , et , sans vanité , il est le plus considérable qu'il y ait en Espagne ; surtout pour ce qui concerne les plantes indigènes de notre presqu'île.

« Les vandales, qui dispersèrent mes papiers, n'auraient pas fait pire s'ils eussent été payées pour me dépouiller du fruit de mes longs travaux. Je n'ai pu trouver intacts que quelques petits manuscrits qui m'intéressaient le moins ; d'autres furent mis en pièces , et à tous ceux qui purent être ramassés confu-sément dans la rue, il manque des feuillets. Il m'est impossible aujourd'hui de remplir les lacunes , surtout celles qui existent dans mon histoire naturelle du Monterrat et dans celle des vol-cans éteints de Catalogne.

« Ce qui me reste de moins incomplet , c'est ma *Chloris his-panica* , que j'avais formée dans l'objet de faire sentir la néces-sité d'entreprendre une nouvelle Flore espagnole ; celle de Quer, en six volumes in-4°, est un ouvrage qui, aux yeux des botanistes étrangers, doit faire bien peu d'honneur à la nation. Je l'ai aug-mentée de 2,800 plantes espagnoles ; et, de ce nombre, il y en a près de moitié qui ne sont pas connues ou qui l'étaient mal des botanistes modernes. A la vérité , depuis lors, beaucoup ont été publiées , bien ou mal, par d'autres, parce que je n'ai jamais fait difficulté de communiquer confidentiellement mes propres décou-vertes à ceux que je ne soupçonnais pas capables d'abuser de ma bonne foi, et encore moins d'être assez injustes pour s'en faire un mérite exclusif. Au reste, je m'en console, car enfin il vaut mieux que le public en profite et ne souffre pas de ma lenteur! »

Qu'importe à Pourret que d'autres s'attribuent le mérite de ses travaux ; que d'autres se parent de ses découvertes, pourvu que ces travaux, que ces découvertes ne soient pas perdus pour la science! Noble consolation qui n'appartient qu'au sage, qu'à celui qui est est entièrement dévoué au culte qu'il dessert !

Voici la dernière annotation que l'abbé Pourret a inscrite sur son journal, 10 juin 1818 : « Je n'ai pas le courage de rouvrir mon herbier, ma mauvaise vue me sert si mal pour examiner les plantes séchées!... » et dans le nécrologe de Santiago, pour cette même année 1818 , on trouve cette mention laconique : « Septemb... est décédé Pierre-André Pourret, chanoine tréso- » rier de cette église, autrefois prêtre dans le diocèse de Nar- » bonne. » Ainsi s'est éteinte , sans bruit , une existence dont les prémisses semblaient promettre un brillant avenir. Mais aussi , combien de circonstances fâcheuses , combien d'événe- ments sinistres accumulés n'a-t-il pas fallu pour étouffer de si heureux germes ? l'égoïsme et la secrète jalousie de Lapeyrouse, qui eut toujours soin de couvrir d'un épais linceul les travaux de son ami ; la disgrâce des frères de Brienne, qui annihila qua- tre années de travail ; la Révolution de 1789, qui obligea Pour- ret à s'expatrier précipitamment , laissant à l'abandon son her- bier et les manuscrits ; les haines et les préventions hostiles qu'il rencontra en Espagne; l'invasion de 1808 qui, dans la Péninsule , avait voué le nom français à l'exécration ; le pillage de la maison du proscrit à Orense , où son herbier et ses ma- nuscrits furent saccagés ; enfin, la vie errante qu'il fut obligé de mener pendant six années , privé de toute espèce de secours intellectuel, voyant chaque jour, son existence menacée et sa vue s'affaiblir !

C'est évidemment ce concours de circonstances déplorables qui a détruit l'avenir de Pourret et qui a privé son nom de la juste notoriété qu'il méritait. Jusqu'à sa mort, tout lui fut con- traire. Ainsi, en 1812, la comtesse de Brienne avait légué à

Pourret l'herbier de ses frères , à la formation duquel celui-ci avait pris une si large part ; quelque temps avant sa mort, Mme de Brienne avait même engagé Pourret à venir le recueillir ; la situation politique où se trouvaient alors la France et l'Espagne ne lui permit pas d'accepter cette offre, et l'avis du legs ne lui parvint que tardivement. Lors de l'invasion de la France en 1814, par les armées alliées, le château de Brienne ayant été incendié, Pourret négligea de revendiquer cet herbier, pensant qu'il avait dû être détruit avec les autres appartenances du château. Il n'en fut rien ; l'herbier a été conservé, il existe encore, mais dispersé. Après avoir passé dans les mains du docteur Barbier, pharmacien des armées , il est devenu la propriété du Muséum d'histoire naturelle de Paris , qui a classé les plantes exotiques de cette collection dans l'herbier général , celles d'Espagne dans l'herbier d'Europe, et celles du *Chloris* dans l'herbier de France. Morcelée de la sorte, cette collection perd une grande partie de sa valeur primitive ; et le mérite de celui qui l'avait formée disparaît complétement.

Voici la liste complète des travaux de Pourret : 1° *Mémoire sur deux nouveaux genres de liliacées, Lomenia et Lapeyrousia,* ouvrage imprimé dans le tome III de l'Académie des sciences de Toulouse ; 2° *Itinéraire pour les Pyrénées,* 1781 , manuscrit ; 3° *Projet d'une histoire générale de la famille des Cistes,* 1783, manuscrit inachevé ; 4° *Relation d'un voyage fait de Narbonne au Montserrat par les Pyrénées,* 1784, une très-faible partie de la *Chloris Narbonensis,* renfermée dans ce travail, a été seule imprimée dans le tome III des *Mémoires de l'Académie des sciences de Toulouse,* le reste du manuscrit est perdu ; 5° *Nomenclator botanicus in omnes Indiæ plantas quæ, tum in horto Malabarico, tum in herbario Amboinensi recescentur. Sistens : Tres Floras quarum prima exhibet floram Malabaricam Burmanni multo locupletiorem, secunda ejusdem Burmanni floram Amboinensem multo correctiorem, tertia ambas precedentes in unam junctas et ad nomina Linnæana relatas,* 1784, manuscrit in-folio de 357 pages, dédié au cardinal de Loménie de Brienne, archevêque de Toulouse, et conservé dans la Bibliothèque de Narbonne ; 6° *Noticia historica de familla Salvador,* 1796, imprimé en langue espagnole à Barcelone ; 7° *Histoire naturelle de Montserrat*, 1797, manuscrit aujourd'hui perdu ; 8° *Deux Mémoires sur les volcans éteints de la vallée d'Olot (Catalogne)*, 1797-1799, manuscrits aujourd'hui perdus ; 9° *Monographie du genre Galium*, 1802, manuscrit inachevé conservé dans la Bibliothèque de Madrid *(D*ʳ *Bubani)* ; 10° *Chloris hispanica*, manuscrit très-considérable, aujourd'hui perdu.

Pourret a, en outre, contribué par ses travaux à la publication des *Illustrationes botanicæ*, de Gouan, — à l'*Histoire des papillons d'Europe*, de Gigot d'Arcy, — à l'*Histoire abrégée des plantes des Pyrénées*, par Lapeyrouse, — au *Species plantarum*, de Willdenow, — à la *Flora Peruviana*, de Ruiz et Pavon, — au *Synopsis plantarum*, de Persoon. L'abbé Chaix, à qui la science botanique est redevable de travaux considérables, entrepris pour faire connaître la *Flore du Dauphiné*, cite au premier rang l'abbé Pourret comme l'ayant activement servi dans la poursuite de son travail. L'abbé Palassou lui rend le même témoignage.

Voilà tout ce qui reste de cette vie laborieuse, si féconde en naufrages et qui s'est heurtée à tant d'écueils ! Puissent les indications que je viens de donner sur la vie et les travaux de Pourret, contribuer à lui faire obtenir la place qu'il mérite dans le sanctuaire de la science ! Satisfait d'un tel résultat, je n'aurai plus qu'à répéter avec Pourret ce qu'il disait, en écrivant la biographie des frères Salvador, de Barcelone, ignorés jusqu'à lui : « La mémoire des hommes qui se sont signalés par leur talent et leurs connaissances mérite aussi bien d'être conservée que celle des héros qui ont vaillamment défendu leur pays ; car les uns et les autres concourent également à l'illustration de leur commune patrie ! »

II

ITINÉRAIRE POUR LES PYRÉNÉES,

PAR L'ABBÉ POURRET.

1781.

Il serait à souhaiter pour les progrès de l'histoire naturelle, que ceux qui se consacrent à l'étude de cette aimable science, s'occupassent un peu mieux de la connaissance des lieux qu'ils habitent. Depuis quelque temps on dirait qu'on a renoncé à ce qui touche de près ; on semble ne plus faire cas que de ce qui vient de l'étranger, et si le gouvernement favorise quelques naturalistes ce n'est que pour aller faire leur moisson au-delà des mers. D'où peut donc venir cette affectation de dédaigner, de négliger ce qui vous environne, et de fouler aux pieds les richesses qui vous entourent ? Cependant quel profit ne retirerions-nous pas de la connaissance exacte de toutes les productions de notre pays ! Quels avantages n'en résulterait-il pas pour l'histoire naturelle, si ceux qui honorent les sciences, en les protégeant, voulaient aider de leurs moyens ceux qui les cultivent, les engager à nous fournir chacun une histoire particulière de leur pays, et contribuer ainsi à la perfection de l'*Histoire générale de la nature*, ouvrage absolument indispensable pour nous fixer sur la manière d'envisager chaque individu selon la place qu'il occupe dans l'immensité de la chaîne qui lie tous les êtres créés.

Le Languedoc et le Roussillon, par la position qu'ils occupent, sont pour un naturaliste deux des plus riches provinces de la France. Bornées à l'Orient par la Méditerranée, les productions de la mer fournissent un champ vaste à ses connaissances, les terres saumâtres lui présentent une infinité de plantes dont quelques-unes nouvellement découvertes et plusieurs autres qu'on ne retrouve que sur les côtes d'Espagne et du Portugal. Les Pyrénées, qui le confrontent au midi et en partie au couchant, lui facilitent les moyens de contempler le plus grand nombre des productions des Alpes et de la Laponie : les animaux, les oiseaux, les minéraux, les insectes, les plantes que l'on y trouve, surtout ses marbres, ne laissent rien à désirer à ceux qui font des collections, que d'avoir les moyens d'y venir plus souvent faire leur récolte.

Les Cévennes, placées au nord du Languedoc, dont les montagnes du diocèse de *Saint-Pons* ne sont qu'une extension, ne contribuent guère moins, en proportion de leur hauteur, à le rendre intéressant pour la partie de la minéralogie et de la botanique ; mais où trouvera-t-on des montagnes plus dignes de l'attention du naturaliste que celles qui semblent s'être séparées des Cévennes et des Pyrénées et s'affaisser dans leur milieu, pour laisser au diocèse de Narbonne l'avantage de posséder dans les montagnes des Corbières, les preuves les plus incontestables du séjour que la mer a fait autrefois sur le continent que nous habitons, par l'existence antique d'une foule de corps marins, dont les analogues nous sont aujourd'hui inconnus, objets d'autant plus précieux qu'ils nous ôtent le moindre doute sur les grandes révolutions qu'a éprouvé le globe. C'est sur ces révolutions que peut considérablement nous éclairer la lithologie des environs de Narbonne.

Cette considération nous a fait envier plus d'une fois le sort de ceux qui peuvent sans gêne se livrer à leur inclination pour l'histoire naturelle. Forcé par état de cultiver une science bien étrangère à l'étude de la nature, à peine pouvons-nous trouver de trop courts instants pour les donner à cette étude qui, depuis notre enfance, a eu de bien puissants attraits pour nous.

Entraîné par la variété de nos devoirs, nous n'avons pu que faire des vœux pour qu'un autre, plus fortuné, s'occupât à remplir une tâche que nous aurions tâché de nous imposer, si nous eussions été secondé par notre temps et des circonstances plus favorables.

Nous avons tâché, cependant, de concourir à l'exécution de

cet ouvrage en communiquant dans le temps à nos amis tout ce que nous avions pu recueillir d'objets et d'observations , soit dans les Cévennes, soit dans les Pyrénées, et notamment dans nos Corbières, dont l'histoire physico-chimique fera le sujet du discours préliminaire de la *Flore de Narbonne* , si jamais nous consentons à la publier.......................... (1) .

La ville de *Saint-Paul* est située dans un joli vallon qui s'étend depuis au-delà de *Caudiès* jusqu'auprès d'*Estagel* , et semble enfin se prolonger jusqu'à *Notre-Dame de Pena* , à trois lieues de Perpignan, ermitage sur les rochers duquel on trouve l'*Anthyllis cytisoïdes*, L. et le *Centaurea leucantha*, Pourret. Elle est située à douze lieues sud-ouest de Narbonne, à huit lieues est de Limoux et à six lieues ouest de Perpignan. Longitude 0,10 est du méridien de Paris ; latitude 42°48' (2).

Son terroir est divisé en deux couches , l'inférieure est un

(1) Ici Barrèra a sauté quatre ou cinq alinéas consacrés au chapitre et à l'église de Saint-Paul et probablement aussi à l'indication de l'itinéraire de Narbonne à Saint-Paul par le chemin des Corbières. Nous y reviendrons plus tard.

(2) Ce que Pourret appelle *vallon de Saint-Paul*, n'est pas, à proprement parler, un vallon, dans le sens géographique du mot, car les eaux qui le parcourent appartiennent à deux bassins différents. L'ensemble constitue une dépression profonde , comprise entre deux chaînons rectilignes et escarpés, véritables murailles qui courent, est-ouest, parallèlement l'une à l'autre... Sa longueur, depuis son origine au col de *Magnac* qui la met en communication avec *Axat* et la vallée de l'*Aude*, jusqu'à sa terminaison en face d'*Estagel*, est de trente kilomètres environ, et sa largeur, mesurée à vol d'oiseau et de crête à crête, de quatre kilomètres en moyenne. Vers le milieu de sa longueur elle est traversée perpendiculairement à sa direction, c'est-à-dire du nord au sud , par la la rivière de l'*Agly* qui la divise en deux parties très-distinctes au point de vue hydro-graphique. L'une , l'occidentale , arrosée par le *Magnac* et la *Boulzane* , affluents de l'Agly, que nous nommerons vallon de *Caudiès*, du nom du village dont il est la dépendance ; l'autre, l'orientale, ou vallon de *Maury*, qui lui fait suite, mais dont le sépare un bourrelet peu élevé qui borde la rive gauche de l'Agly, et qu'arrose le ruisseau de *Maury* qui se jette dans l'Agly entre *Latour* et Estagel. *Saint-Paul de Fenouillet* occupe le bord même de cette dernière rivière à quelques centaines de mètres en amont de son confluent avec la Boulzane. Le véritable vallon de Saint-Paul se réduit donc en définitive à la petite portion de la vallée de l'Agly, placée au point de séparation des deux parties de cette vaste dépression. Toutefois, pour faciliter l'intelligence de cet itinéraire, nous conserverons au vallon, ou dépression de Saint-Paul, toute l'extension que Pourret lui attribue.

L'altitude des chaînons qui la limitent est assez considérable. Ainsi, elle atteint sur le chaînon septentrional : 1,044 mètres à la forêt des *Fanges*, son point culminant ; 900 mètres au roc *Paradet ;* 969 mètres et 966 mètres à la serre de *Saint-Paul ;* et sur le chaînon méridional : 1,038 mètres à la serre d'*Arguières ;* 694 mètres au roc *Rouge ;* 571 mètres à la serre de *Lesquerde ;* etc.

mélange de tuf, de gravier et de marne ; les fruits qui viennent dans ce terrain, et surtout les figues, y sont délicieux ; les oli-viers y viennent fort bien et y sont nombreux, etc.

La couche supérieure est toute schisteuse , elle est fertile en grands vignobles, les vignes y sont bien cultivées. Ses vins, quoique petits, y sont excellents, etc.

Les montagnes qui bordent ce riche vallon sont toutes de la même nature, ce sont de chaque côté une chaîne de pierre cal-caire posée sur une base schisteuse qui doit renfermer des mines de fer et peut-être aussi du charbon, car, par intervalles, on voit des nuances de terres ochracées qui font présumer que des fouilles qu'on y ferait ne seraient pas infructueuses. Comme les pierres calcaires sont pour la plupart à découvert, elles ne fournissent que peu de plantes, mais celles qu'on y trouve dans les endroits où il y a quelque peu de terre végétale, et surtout les fentes, méritent l'attention des botanistes (1).

Je ne saurais parler des plantes des environs de Saint-Paul sans témoigner ici ma reconnaissance à *M. Lafontaine* pour toutes les marques d'amitié dont il m'a comblé, etc., etc., etc., etc., etc. (2).

On peut faire deux herborisations intéressantes à Saint-Paul, herborisations d'autant plus agréables qu'on peut venir tous les soirs s'y retirer. Malgré les répétitions fréquentes qu'on trouve, on est dédommagé avantageusement d'une seconde course par plusieurs plantes qui affectent différentes positions. Ces deux herborisations concernent les deux côtés de Saint-Paul, savoir : l'ermitage de *Saint-Antoine de Galamus* et le *pont de la Fou*.

(1) La dépression de Saint-Paul emprunte son origine à un des accidents géologiques les plus remarquables qui accidentent le versant nord des Pyrénées, savoir la grande faille de *Castelnau de Durban*, si bien étudiée par le regretté *H. Magnan*. Elle dépend toute entière du terrain de *Craie inférieure*. Les conglomérats, les schistes et les calcaires de son fond, appartiennent à l'*Aptien ;* les schistes noirâtres qui leur succè-dent à la base des murailles calcaires qui la bordent, à l'*Albien ;* enfin, les murailles calcaires elles-mêmes, au *Néocomien;* une petite bande *jurassique* entre aussi pour une faible part dans la constitution du chaînon septentrional, dont elle forme le revêtement extérieur.

(2) Ces cinq *etc.* ont été mis ici par Barrèra pour abréger sa copie.

Première herborisation. Saint-Antoine de Galamus (1).

On prend à la droite de Saint-Paul un chemin tracé entre celui qui conduit à *Bugarach* et celui qui mène à *Soulatge*, on parvient à Saint-Antoine dans trois quarts d'heure, d'abord par les vignes, en montant le long d'un côteau schisteux, dans lequel on trouve quelques coquilles pétrifiées comme des *Vis* et des *Cames*, etc., etc., à la plus grande élévation d'un chemin qui défend l'entrée d'un bois où commencent les plantes particulières aux environs de Saint-Paul, dont plusieurs sont sous-alpines.

C'est aussi là que commence le bois de la montagne. Ce bois est complanté de chênes verts et autres arbres et arbustes. On le traverse pour arriver à l'Ermitage auquel on parvient par un chemin très-rapide, formé en zigzags et souvent en labyrinthe. L'Ermitage est dans une position unique ; il est au nord de Saint-Paul, placé au milieu d'une montagne calcaire très-élevée et taillée à pic, etc., etc. De cette montagne coule une source très-abondante qui se précipite d'assez haut avec grand bruit et qui forme tout de suite une petite rivière qui va se jeter à Saint-Paul dans la rivière appelée la Boulzane. Cette rivière porte le nom de l'Agly et le fait perdre à la Boulzane, qui quitte le sien pour conserver celui de l'Agly jusqu'à son embouchure dans la mer près de Saint-Laurent (2).

L'habitation de l'Ermitage est très-jolie ; c'est une belle horreur à voir que le dehors et le dedans. Une journée entière du mois de juillet, sacrifiée à la visite de cette solitude, suffit pour y rencontrer, mais en divers états, toutes les plantes que j'y ai observées en différentes saisons. Je vais en donner la liste, et

(1) L'Ermitage de Saint-Antoine de Galamus occupe l'entrée d'un défilé sauvage et grandiose à travers lequel l'Agly franchit le chaînon jurassique et néocomien qui forme le rebord septentrional de la dépression de Saint-Paul.

(2) Pourret commet ici une erreur. L'Agly ne prend pas sa source à Saint-Antoine, mais bien à quinze kilomètres plus au nord sur le versant oriental du pic *de Bugarach* (1,231 mètres), point culminant des Corbières.

j'observerai de faire suivre chaque espèce d'un numéro qui indiquera la saison où on la trouverait en fleur. Le n° 1, indiquera le printemps, aussi, au mois de juillet, ces plantes devront être en graines ; le n° 2, indiquera l'été, et, dans cette saison, on ne pourra que voir en feuilles celles qui seront suivies du n° 3 (1). De la sorte, en choisissant l'époque favorable à chacunes des catégories de ces plantes , il sera plus facile de rechercher et de récolter avec fruit les espèces que l'on aura l'intention d'y rechercher dans leur complet état de maturité.

Phillyrea latifolia L. D. C. *E.*	Valeriana angustifolia *E.* (4).
— media *L. E.* (2).	— tuberosa *E.*
— angustifolia *L. E.*	Seseli montanum *E.*
Phleum nodosum *E.*	Cynosurus cristatus *P.*
Poa nemoralis *E.*	— echinatus *E.*
Veronica officinalis *L. P.*	Agrostis capillaris (5).
— Teucrium *L. P.* (3).	Aira montana (6).

(1) Nous avons remplacé, pour éviter toute confusion avec les chiffres de renvois des notes, les n°s 1, 2, 3, de Pourret par les lettres A, automne; E, été ; P, printemps.

(2) Entre les *Phillyrea latifolia et media* on trouve des intermédiaires qui nous font persister à les réunir en une seule espèce comme nous l'avons proposé avec notre ami Loret (*Bull. Soc. Bot. de Fr.* 1860).

(3) *Veronica Teucrium.* Nous n'avons vu à Saint-Paul que le *V. dubia* DC. *Veronica Chaixi*, Lap., (*Suppl.* p. 6).

(4) A partir de cette plante le nom de Linné ne paraît plus après le nom de l'espèce. Est-il sous-entendu , ou bien cette suppression est-elle du fait de Barrèra ?

(5) L'*Agrostis capillaris*, L., est une plante hispano-portugaise qui n'a pas encore été rencontrée en France ; celui dont parle Pourret et qui est commun dans les Corbières, est l'*A. olivetorum*, G. G. Nous eûmes d'abord de la peine à le reconnaître , mais l'ayant comparé avec des échantillons authentiques récoltés à Toulon par M. Huet , le doute n'a plus été possible. Plus tard , Pourret, herborisant en Espagne , trouva le véritable *A. capillaris* , L.,et le voyant différent de celui des Corbières, auquel il avait imposé à faux ce nom, le nomma *A. delicatula*, Pourr. Ce nom est, en effet, adopté comme synonyme , mais avec un peu de doute à la vérité , par Benth, d'après Steudel (*Nomen. bot.*, p. 39), et est reproduit avec ce même point de doute dans Willkomm et Lange (*Prod. Fl. Hisp.*, 1, p. 55). Pourret a signalé son *A. delicatula* sous le n° 254 dans son *Chloris hispanica*, ouvrage qui n'a pas été retrouvé.

(6) *Aira montana*, L. (*Fl Suec.*, p. 24). Cette plante est considérée par quelques botanistes réducteurs comme une variété à épillets plus fortement colorés et à panicule plus petite et plus contractée , de l'*A. flexuosa*, L. Si cette plante n'avait pas d'autres caractères, il est certain que ces savants auraient raison, car la cclo-

Iris germanica *P*. (1).

— pumila *P*. (2).

Galium glaucum *E*.

— Mollugo *E*.

— Aparine *E*.

Rhamnus cathartica *E*.

— Alaternus *E*.

Laserpitium gallicum *E*.

Sison Amomum *E*.

Melica amethystina *Pourr*. (3).

Plantago subulata *E*.

Lonicera Xylosteum *E*.

— Periclymenum *E*.

— pyrenaica *P*.

Bupleurum rigidum *E*.

— falcatnm *A*.

— junceum *E*.

— fruticosum *E*.

Globularia repens *Pourret P*. (4).

— vulgaris *P*.

ration plus foncée des épillets et le plus ou moins de longueur des pédicelles, et par suite de la panicule, ne seraient point suffisants pour l'élever au rang d'espèce. Mais l'*A. montana* des Pyrénées présente encore d'autres différences caractéristiques dans les organes de végétation qui permettent de le séparer de l'*A. flexuosa* ; en outre il préfère les terrains calcaires ombragés, tandis que ce dernier croît surtout sur les terrains siliceux.

Quoi qu'il en soit, la plante citée sous ce nom par Pourret, à Saint-Antoine, et qui est très-commune dans les Corbières, ne peut être rapportée ni à l'une ni à l'autre de ces deux espèces, car elle s'en sépare par ses tiges rameuses à la base, ses feuilles lancéolées plus courtes, sa panicule courte et resserrée, et ses fleurs rouges. M. Jordan lui a donné le nom d'*Avenella rubra*, J.

(1) *Iris germanica*, L. Cette plante, commune dans le Midi, est-elle franchement spontanée? Cela nous paraît douteux, car on ne la retrouve jamais que dans les ruines des vieux châteaux ou aux abords des villages.

(2) *Iris pumila*. Cette plante, qu'on ne saurait rapporter ni à l'*Iris pumila*, de Jacquin, ni à celui de Savi, est l'*Iris chamœiris*, Bert.

(3) *Melica amethystina*, Pourr. Il n'est pas douteux que cette plante doit être rapportée au *Melica Bauhini* Allioni, mais il reste à trancher la question de priorité. Allioni a décrit sa plante dans son *Auctuarium ad floram Pedementanam*, imprimé en 1789, et la diagnose de Pourret a paru en 1788 dans son *Chloris Narbonensis*, imprimé dans le troisième volume des *Actes de l'Académie des Sciences de Toulouse*, c'est donc presque à la même époque. Mais comme le travail de Pourret a été lu devant cette savante compagnie les 17 mai, 23 juin, 1, 8 et 12 juillet 1784, il est évident que le nom qu'il a attribué à cette plante doit avoir la priorité.

(4) *Globularia repens*, Pourret. Cette plante, très-commune sur toutes les formations calcaires des Pyrénées, se retrouve aussi dans le Midi de la France et dans les Alpes, mont Ventoux, etc., etc., où elle remplace le *G. cordifolia*, L. ; quelques auteurs, même, ne la considèrent, peut-être avec raison, que comme une forme naine de cette dernière espèce. Quoi qu'il en soit, le *G. repens*, Pourr., a été nommé depuis *G. nana* par Lamarck (*Dict.*, 2, p. 731), et après l'avoir décrit il ajoute : *Cette plante nous a été communiquée par l'abbé Pourret* ; puis il cite son nom après le sien. Plus tard (*Fl. Fr.*, 2, p. 325) il lui impose le nom de *G. repens*. De Candolle (*Fl. Fr.*, 3, p. 429) donne ces deux noms en synonymes en les attribuant à Lamarck, et Steudel en fait de même. Il me semble qu'il serait juste de restituer à cette plante le nom de *G. repens* et de l'attribuer à Pourret qui, sûrement, l'a le premier observée.

Globularia nudicaulis *P.*
Campanula Trachelium *E.*
— persicifolia *P.*
— rotundifolia *E.*
Ribes nigrum *P.*
Scabiosa arvensis.
— leucantha (1).
Myosotis scorpioides *E.*
Phyteuma comosum (2).
— spicatum
Verbascum nigrum *P.*
— phlomoïdes *P.*
Primula veris, tubo longiore *P.*(3).
Cyclamen europæum *A.* (4).
Campanula grandiflora P. *P.* (5).
Vinca major, fl. cœruleo *P.*
— — fl. albo *P.* (6).
Peucedanum officinale *A.*

Caucalis daucoïdes *E.*
Seseli montanum *A.*
— glaucum *A.*
Arbutus Unedo *P.*
Tordylium officinale (7).
Bunium majus (8).
Chærophyllum hirsutum *E.*
Athamanta Cervaria *A.*
Thapsia villosa *E.*
Pimpinella Saxifraga *E.*
Erica vulgaris *E.*
— cinerea *A.*
Carum Bunius R. (9).
Linum strictum *P.*
— narbonense *P.*
— alpinum *P.* (10).
Allium flavum *E.*
— roseum *P.*

(1) *Cephalaria leucautha*, Schrad (*Ind. sem. Gott.*, 1814)

(2) *Phyteuma comosum.* Cette plante n'a pas été signalée en France. Dans les Corbières on ne trouve que le *P. ellipticifolia* , Vill., dont une forme est le *P. comosa*, Gouan, et sans doute aussi Pourret, non Linné. Dans les Cévennes, au pic Saint-Loup et à Saint-Guilhem, le *P. Charmelii*, Vill., est commun ; nous ne l'avons pas vu à Saint-Paul de Fenouillet.

(3) Pourret à voulu désigner ainsi le *P. elatior*, Jacq.

(4) *Cyclamen europæum*, L. La plante indiquée sous ce nom par Pourret a été séparée depuis de l'espèce Linnéenne sous le nom de *C. repandum*, Sibth. et Smith. *Fl. Gr.*, *tab. 180*; *C. hederæfolium*, Ait Kew. 1, p. 196. En mai, malgré nos recherches , nous n'avons pu trouver de traces de cette plante : il est vrai qu'elle ne fleurit qu'en automne, d'après Pourret.

(5) *Campanula grandiflora*, Pourr. Ce doit être le nom primitif donné par notre auteur à l'espèce si connue aujourd'hui sous le nom de *C. speciosa*, Pourr. et qui est très-commune dans les Corbières, les Pyrénées et les Cevennes.

(6) *Vinca major*, *fl. albo.* Cette plante a été nommée plus tard par Pourret *V. difformis* (*Chl. Narb.*, p. 333), à cause de ses pétales irrégulièrement coupés. A Saint-Antoine elle se présente avec des fleurs bleues et blanches , dans ce dernier cas, elles sont plus à l'ombre.

(7) *Tordylium officinale.* C'est probablement le *T. apulum*, L.

(8) *Bunium majus.* C'est le *Conopodium denudatum*, Koc.

(9) *Carum Bunius.* C'est le *Ptychotis heterophylla* , Koch, très-abondant dans cette région, et qui s'y fait remarquer par son port toujours dressé et la persistance des feuilles radicales lors de la floraison.

(10) *Linum alpinum.* Nous avons décrit cette plante sous le nom de *L. Russino-nense* Timb., (*Bull. Soc. Bot. de Fr.*).

Allium sphærocephalum *E.*

Viburnum Tinus *E.*

— Lantana *E.*

Narcissus pseudo-narcissus *P.*

— Jonquilla *P.* (1).

Dianthus pungens *Pourret* (2).

— deltoïdes *E.*

Scilla antumnalis *A.*

Daphne Gnidium *A.*

— Laureola *P.*

— Thymelæa *P.*

— dioica *Gouan P.*

Gypsophila muralis *E.*

— Saxifraga *E.*

Sedum reflexum *E.*

— album *E.*

Euphorbia serrata *P.*

— segetalis *P.*

— pilosa *P.*

— silvatica *E.*

Silene pendula *P.* (3).

— nutans.

— Saxifraga.

Arenaria saxatilis *E.* (4).

— tenuifolia *P.*

Lychnis dioica , fl. albo *P.*

Cerastium arvense *P.*

Prunus Mahaleb *P.*

Mespilus Amelanchier *P.*

Rosa Eglanteria *E.* (5)

— villosa *E.*

Fragaria vesca *E.*

Papaver Argemone *P.*

Cistus laurifolius (*abondant*) *E.*

— albidus *E.*

— salviæfolius *E.*

— corbariensis *E.*

— canus. *P.* (*Note B*)

— marifolius *P.*

Stachys germanica *E.*

(1) *Narcissus Jonquilla.* Il y a longtemps que l'on sait que cette plante ne croît pas en France. L'espèce des Corbières que Pourret a voulu désigner sous ce nom a été appelée depuis *N. juncifolius*, par Requiem (*Lois. Nouv., note* p. 44). M. Bras l'a découverte dans l'Aveyron.

(2) *Dianthus pungens.* Comme nous l'avons dit ailleurs, le *Dianthus* qu'on nomme ainsi, est le *D. virgineus*, L. Pourret, en plaçant ainsi son nom après cette espèce, aurait-il eu quelque soupçon qu'elle fût différente du *D. pungens*, L., aujourd'hui reconnu pour être le *D. hispanicus*, Ass.

(3) *Silene pendula.* Cette espèce, aux fleurs purpurines, axillaires et pendantes, est propre à la Sicile et au Portugal et n'a jamais été signalée en France. Nous ne pouvons dire en ce moment quelle plante Pourret avait en vue quand il fit cette erreur de détermination. Peut-être a-t-il voulu désigner ainsi quelques formes communes dans le Midi, à pétales tachés de rouge vif du *Silene quinquevulnera*, L., formes nommées par M. Jordan *S. jucunda* ou *cruentata*, mais leurs fleurs ne sont jamais pendantes ni avant, ni après l'anthèse. Serait-ce encore le *S. muscipula*, L., commun dans les Corbières et qu'il n'a pas signalé dans ses courses ?

(4) *Arenaria saxatilis.* Pourret et Lapeyrouse ont désigné ainsi une forme de l'*A. grandiflora* All.

(5) *Rosa Eglanteria.* Nous avons observé plusieurs *Roses* à Saint-Paul ; les trois les plus répandues sont, comme nous avons dit ailleurs : *R. umbellata*, Loez, *R. sempervirens*, L., et un autre de la section des *Rubiginosæ*, que nous nommons *R. versicolor*, Timb. (*Voyez note A*). Nous n'avons jamais vu dans les Corbières la véritable *R. Eglanteria*, L., à fleurs jaunes.

Nigella damascena *P.*

Thalictrum fœtidum *E.*

Ranunculus tuberosus *E.* (1).

— acris *F.* (2).

— chœrophyllos *F.*

Teucrium Scorodonia *E.*

— Polium *E.*

— luteum *P.*

Origanum creticum *E.*

Lamium grandiflorum Pourr. (3).

— Orvala.

Antirrhinum majus, fl. albo *E.* (4).

— — fl. luteo *E.*

— supinum *E.*

— Pelisserianum *P.*

— bellidifolium *E.*

— origanifolium *E.* (5).

Fumaria claviculata *E.*

— capreolata *E.*

Spartium junceum *P.*

— spinosum *P.* (6).

Bromus mollis *P.*

Myagrum paniculatum *P.*

Atyssum spinosum.

Thlaspi hirtum *E.*

Arabis pendula *P.* (7)

— Thaliana *P.*

Polygala vulgaris *E.*

Geranium columbinum *P.*

— sanguineum *P.*

Vicia lutea *P.*

Genista hispanica *P.*

— pilosa *E.*

Orobus niger *P.*

Ononis minutissima *E.*

— Cherleri *E.* (8).

Ervum hirsutum *E.*

Cytisus argenteus *P.*

(1) *Ranunculus tuberosus.* Pourret ne fait suivre cette plante d'aucun nom d'auteur, et nous n'avons vu à Saint-Paul aucune espèce qui puisse se rapporter au *R. tuberosus*, Lap. établi plus tard. Nous pensons donc qu'il devait avoir en vue le *R. bulbosus*, L., qui abonde dans la région. Ajoutons que M. Jordan ayant divisé ce type linnéen en plusieurs espèces affines, le *R. bulbosus* de Saint-Paul doit être rapporté au *R. pilibundus* de cet auteur.

(2) *Ranunculus acris.* M. Jordan ayant aussi divisé ce type en plusieurs espèces, nous rapporterons la plante des Corbières de ce nom au *R. Friesanus* de cet auteur.

(3) *Lamium grandiflorum* Pourr. Nous avons dit ailleurs que cette plante n'était autre que le *L. longiflorum* Ten. Le nom de Pourret doit avoir la priorité.

(4) *Antirrhinum majus fl. albo et luteo.* Ces deux variétés communes dans les Corbières et sur le versant méridional de la Montagne-Noire, doivent être rapportées à l'*A. latifolium*, Mill.

(5) *Antirrhinum origanifolium* Pourret. N'est autre que le *Linaria Bourgœi* Jord.

(6) *Spartium junceum*, syn. : *Calycotome spinosa* Link.

(7) *Arabis pendula.* L'*A. pendula* L , est une plante de Sibérie qui ne croît pas en France. Pourret aura sans doute fait confusion avec l'*A. Turrita* L., dont les siliques sont pendantes d'un seul côté. Peut-être, encore, aura-t-il voulu désigner ainsi cette variété de l'*A. Thaliana* L., que Lachenal a aussi nommée plus tard *A. pendula* Lach., synonyme adopté par le *Nomenclator*, de Steudel, p. 117.

(8) *Ononis Cherleri.* Cette plante, essentiellement méditerranéenne, termine son aire de dispersion à Avignonet (Haute-Garonne).

Coronilla glauca *P.*
— Emerus *P.*
— valentina *E.*
Trifolium incarnatum *P.*
— agrarium *P.*
— squarrosum *P.* (1).
Scorzonera laciniata *P.*
Hypochæris taraxacoïdes *P.* (2).
Stæhelina dubia *P.*
Centaurea salmantica, fl. rubro.
— — fl. albo.
— paniculata.
Senecio nemorensis, *ex fide Gouan.*
— viscosus.
Viola canina.
— odorata.
Anthyllis vulneraria, fl. albo.
— — fl. rubro.
— montana *P.*
Hedysarum Caput-galli *E.*
Astragalus monspeliensis *P.*
— incanus *P.*
Lotus hirsutus *E.*
— corniculatus *E.*

Trigonella hybrida Pourr. *P.*
Hypericum humifusum *P.*
Andryala sinuata *E.*
Carlina corymbosa *E.*
Gnaphalium Stæchas *E.*
Filago gallica.
Orchis militaris.
— abortivus.
Orchis pyramidalis *E.*
— bifolia *E.*
Ophrys ovata *E.*
— spiralis *E.* (3).
— anthopophora *E.*
Serapias longifolia *P.* (4).
— grandiflora *E.* (5).
Carex distans *A.*
— muricata *A.*
Andropogon Gryllus *A.*
Vaillantia cruciata.
— glabra.
— hispida.
Hieracium murorum (*Note C.*).
— sylvaticum *E.*
Musci (6).

(1) *Trifolium squarrosum.* Décrite d'abord dans Linné (*Species*, 1802) avec des synonymes impropres, cette plante reçut plus tard le nom de *T. ochrolerrum* L. (*Syst.* 3, p. 233). De Candolle (*Fl. Fr.* 4, p. 541) a donné ce nom de *T. squarrosum* au *T. panormitanum* Presl., qui est une plante méditerranéenne; ne serait-ce point la plante de Pourret? Enfin, M. Companyo indique aussi à Saint-Antoine la *T. pannonicum* L., *non* Vill., plante exclue a bon droit de la flore française.

(2) *Hypochæris taraxacoides.* Cette plante a été placée par Pourret dans le genre *Crepis* dans la *Chloris Narbonensis*, elle est synonyme de *Crepis albida* Vill. (*Daup.*, 3, *p.* 139, *fig.* 33).

(3) Pourret ne signale pas à Saint-Antoine l'*O. insectifera* L., représenté dans les bois de l'Ermitage par l'*O. scolopax* Cav. (*Ic.* 2, *p.* 46, *tab.* 161), qui y est très-commun.

(4) *Serapias longifolia*, c'est le *S. longipetala* Poll. (*Ver.* 3, p. 30).

(5) *Serapias grandiflora*, c'est le *S. cordigera* L. (*Sp.* 1345).

(6) En terminant sa liste des plantes de Saint-Antoine par le mot *Musci*, Pourret avait sans doute l'intention d'y joindre les mousses de cette localité. C'est par respect pour l'intégrité de son œuvre que nous avons conservé ce titre, aujourd'hui sans objet.

Quercus coccifera *P.*
— Robur *P.*
— Ilex *P.*
Fraxinus excelsior *P.*
Acer campestre *P.*
— monspesulanum *P.*
Polypodium vulgare.

Polypodium fontanum.
— regium.
Asplenium Ceterach.
— Trichomanes.
— Adianthum-nigrum.
Adianthum Capillus-Veneris.
Acrostichum septentrionale.

Si l'on veut se dispenser de retourner à St-Paul par le même chemin, on peut prendre, derrière l'ermitage, le contour de la montagne que l'on suit jusqu'au *col de la Carbasse*. On passe au *Prat* et dans le trajet on trouve les plantes suivantes :

Veronica Chamædrys *P.*
— Teucrium, fl. albo *P.*
Melica nutans
— ciliata,
Poa cristata (1).
Galium hispidum *Pourr.* (2).
Rhamnus Paliurus *P.*
— infectoria. *P.*
Bupleurum Odontites *P.* (3).
Scandix Anthriscus *P.*
Malva Tournefortiana *P.* (4).
Vicia lutea.
— Cracca.
Lathyrus tuberosus.
— heterophyllus.

Valeriana Calcitrapa *P.*
Globularia Alypum *P.*
Onosma echioides *P.*
Ribes petræum *E.*
Tordylium latifolium *P.*
Spartium Scorpius *P.*
— complicatus *P.*
Genista candicans *P.*
Cytisus hirsutus *P.* (5).
Hedysarum Onobrychis *E.*
Coronilla minima *E.*
Pastinaca Opoponax *E.*
Chlora perfoliata *E.*
Euphorbia helioscopia *P.*
Narcissus Tazetta *P.* (6).

(1) *Poa cristata* Pourr. : *Kœleria cristata* Pers.

(2) Nous ne pouvons rapporter le *G. hispidum* Pourret, qu'au *G. parisiense* L., qui est la seule espèce à fruits hispides qui croisse dans les Corbières.

(3) *B. odontites*. C'est le *B. aristatum* Bartl., plante très-commune dans les Corbières et qu'on retrouve aussi à Carcassonne, à Avignonet, dans le Tarn, le Tarn-et-Garonne et l'Aveyron.

(4) *M. Tournefortiana*. Il y a là une erreur de Pourret, car on ne trouve à Saint-Paul que le *M. laciniata* Desf., voisin du *M. Alcea* L.

(5) *Cytisus hirsutus*. C'est le *C. triflorus* L'Hers. (*Stirps.*, 184).

(6) *N. Tazetta*. Ce Narcisse, passé fleur, fin mai, à notre visite à Saint-Paul, a été transporté dans notre jardin, où il a fleuri l'année suivante. Il se rapporte à l'*Hermione pratensis*, Jord., qui abonde dans les Corbières ainsi qu'à Carcassonne et à Montoulieu, sur le versant méridional de la Montagne-Noire.

Dianthus Caryophyllus *P.* (1).

Euphorbiu sylvatica, var. *E.* (2).

Cistus populifolius (3).

— monspeliensis.

— ladaniferus (4)

Lamium amplexicaule *P.*

Geranium petræum *Gouan.*

— malacoides *E.*

Cratægus Aria.

— oxyacantha *P.*

Sorbus domestica.

Delphinium Consolida.

Lavandula Spica *P.* (5).

Calamintha Nepeta *E.*

Iberis spathulata *Pourret* (6).

Coronilla minima *E.*

Ornithopus perpusillus *P.*

— scorpioides *P.*

Trifolium alpestre.

Crepis polymorpha *P.* (Note D).

Carduus eriophorus *A.*

— acaulis *A.*

Anthemis arvensis *E.* (7).

Centaurea phrygia *P* (8).

— pectinata *P.*

— montana *E.*

— collina, fl. luteo *E.*

Holcus lanatus *E.*

Trigonella monspeliaca *P.*

Sonchus tenerrimus.

Lactuca perennis.

Hypochæris maculata *E.*

Xeranthemum annuum *E.*

Santolina Chamæcyparissus *E.*

Filago gallica *P.*

Conyza squarrosa.

Carex montana *E.*

Juniperus Oxycedrus *P.*

---

(1) *D. Caryophyllus.* C'est probablement le *D. pungens* God. (*non Linn. nec Pourr.*). Le véritable *D. Caryophyllus* L., n'a encore été signalé en France que dans les ruines des vieux châteaux et sur les murs des anciens édifices. Il abonde sur les remparts de *Martres-Tolosane* et sur l'église d'*Alan* (Haute-Garonne).

(2) L'*Euphorbia sylvatica* L., n'étant en fruit qu'à la fin de mai, Pourret a voulu sans doute indiquer sous ce nom l'*E. Chaixiana* Timb., qui fleurit un mois plus tard.

(3) Le *Cistus populifolius* nous explique la présence du *C. corbariensis* Pourr., à Saint-Antoine. Pour notre part, nous n'y avons trouvé ni l'un, ni l'autre.

(4) Le *Cistus ladaniferus* Pourr., n'est pas le *C. ladaniferus* L., c'est une forme à grandes feuilles du *C. Ledon* Lam., que nous avons nommé *C. monspeliensi laurifolius* Timb. (*Mém. Acad. Scienc. de Toul. Tirage à part, f. 6.*).

(5) *Lavandula Spica.* C'est le *L. latifolia* Vill. (*Dauph.* 2, p. 363).

(6) *Iberis spathulata.* Pourret a nommé plus tard (1784) cette plante *I. cepeæfolia* (*Act. Acad. de Toul.*, 3, p. 321).

(7) *Anthemis arvensis.* On ne trouve à Saint-Antoine que la variété *incrassata* (*A. incrassata* Lois, *Not.* 120, *non Link*; *A. arvensis B. incrassata* Boiss. *Voy. Esp.*, p. 874).

(8) *Centaurea phrygia* L. Cette plante n'a pas encore été trouvée en France, et c'est généralement le *C. nervosa* Villd., que Villar, et après lui beaucoup de botanistes, ont pris pour le *C. phrygia* L. Mais le *C. nervosa* Villd., ne vient pas dans les Corbières, où il est remplacé par le *C. pectinata* L., que M. Jordan regarde comme un groupe de plusieurs espèces affines. En appliquant cette manière de voir au *C. pectinata* L., des Corbières, celui-ci deviendrait le *C. comata* Jord., tandis qu'aux environs de Béziers et de Montpellier, le *C. pectinata* L., serait le *C. supina*, du même auteur.

Deuxième herborisation. — Pont de la Fou.

(JUILLET).

L'herborisation du pont de la Fou (1) , toute intéressante qu'elle est, le serait encore davantage si l'on n'avait point fait celle de Saint-Antoine. On y trouve presque toutes les plantes de Galamus ; mais, en revanche, il y en a plusieurs que je n'ai pas observées à l'ermitage. Le pont de la Fou n'est éloigné que d'un petit quart de lieue de Saint-Paul ; il est situé au midi de cette ville, etc., etc. (2).

On suit pour s'y rendre le chemin de *Vivier ;* le long de la rivière et sur les rochers on trouve les plantes suivantes indépendamment de celles de Saint-Antoine.

Lycopus europœus, var. glaber *P.*	Lagurus cylindricus *E.*
Iris Pseudacorus *E.*	Scabiosa columbaria *E.*
Poa rigida *P.*	Galium Mollugo *E.*
Festuca ovina *E.*	— glaucum *E.*
— splendens *E.* (3).	— pusillum *E.*
— fluitans *P.* (4).	Lysimachia Ephemerum *A.* (5).
Cynoglossum cheirifolium.	— vulgaris *P.*
Salvia pratensis *P.*	— tenella *E.* (6)
Melica amethystina *Pourr. E.*	Conyza sordida *E.*

(1) Le pont de la Fou ou de la Foun (*pont de la Fontaine*), est situé au sud de Saint-Paul, sur l'Agly, à deux cents mètres en aval de son confluent avec la Boulzane. Immédiatement après le pont, la rivière s'engage dans un défilé très-resserré, par lequel elle sort de la dépression de Saint-Paul en traversant la chaîne de calcaire néocomien qui la borde au midi.

(2) Ces etc. sont encore du fait de Barrèra.

(3) *Fertuca splendens.* C'est le *Kœleria setacea* DC. (*Fl. Fr.* 5, p. 269).

(4) *Fertuca fluitans.* Syn. : *Glyceria fluitans* R. Brown (*Prodr.* 1, p. 179).

(5) *Lysimachia Ephemerum.* C'est le *L. Otani*, Asso. Comme cette plante a une floraison tardive nous n'avons pu la retrouver au pont de la Fou lors de notre excursion du 22 mai.

(6) *Lysimachia tenella.* C'est l'*Anagallis tenella* L. (*Spec.* 335)

Bupleurum tenuifolium (1).
— falcatum *E.*
Bunium minus *Gouan P.* (2).
Peucedanum minus *E.* (3).
Sium angustifolium *E.*
Seseli tortuosum *A.*
— elatum *E*
Pimpinella polygama *Pourr.* (4).
Juncus effusus.
Narcissus Jonquilla *P.* (5).
Epilobium hirsutum major *E.*
— — minor *E.* (6).
Erica scoparia.
Dianthus pungens *Pourr.* (7).
Sedum dasyphyllum *P.*
— acre *P.*
Cerastium semidecandrum *P.*
— viscosum *P.*
Verbascum Thapsus *D.*
Gentiana Centaurium *E.*
Caucalis grandiflora *E.*
— latifolia *E.*
Sambucus niger *E.*

Linum tenuifolium *P.*
— gallicum *P.*
Allium pallens.
— vineale.
— subhirsutum (8).
Tulipa gallica *P.*
Daphne dioica.
— Mezereum (fide *Gouan*).
Saponaria vaccaria *E.*
Arenaria media *E.*
— trinervia *E.*
— serpyllifolia *P.*
Rosa canina *P.*
Euphorbia Characias *P.*
— Pithyusa *P.*
— dulcis *P.*
Thalictrum flavum.
Cistus pilosus *P.* (9).
Cardamine hirsuta *P.*
Scrophularia Ruta-canina *E.* (10).
Arabis Turrita *P.*
Geranium gruinum (11)
— lucidum *P.*

(1) *Bupleurum tenuifolium.* C'est le *B. gramineum* Vill. Nous l'y avons récolté.

(2) *Bunium minus,* Gouan. C'est le *Carum bulbocastanum* Koch (*Umb.* 121).

(3) *Peucedanum minus.* C'est le *Selinum Chabræi,* Jacq. (*Austr., tab.* 72).

(4) *Pimpinella polygama,* Pourr. C'est le *Trinia vulgaris* DC. (*Prodr.* 4, p. 103).

(5) *Narcissus Jonquilla* C'est, ainsi que nous l'avons déjà dit, le *N. juncifolius* Req.

(6) *Epilobium hirsutum minor.* C'est l'*E. molle* Lamk. (*Dict.* 2, p. 475).

(7) *Dianthus pungens,* Pourr. C'est, ainsi que nous l'avons déjà dit, le *D. virgineus* L.

(8) *Allium subhirsutum.* C'est l'*A. corbariense* Timb. (*Bull. Soc. Sc. phys. et nat. de Toul.,* vol. 1, p. 382).

(9) *Cistus pilosus.* C'est l'*Helianthemum pilosum* DC., Pourret, à l'exemple de Linné, ne séparait pas les deux genres *Cistus* et *Helianthemum.*

(10) *Scrophularia Ruta-canina.* Je rapporte cette plante avec doute au *Scr. Hoppii,* Koch (*Scr. juratensis* Schl.).

(11) *Geranium gruinum.* N'a pas été trouvé en France et est originaire de l'île de Crète, d'Afrique et d'Espagne (DC. Prodr. 4, p. 647). Pourret avait peut-être en vue l'*Er. ciconium* Villd., que nous avons récolté à Narbonne, à Collioures et à Saint-Antoine.

Coronilla coronata *E.* (1).

Rubus cæsius *E.*

— fruticosus *E.*

Geum urbanum *E.*

Teucrium Scorodonia *E.*

Stachys recta *E.*

·- palustris *E.*

Malva rotundifolia *E.*

Vicia hybrida *E.*

Genista pilosa *E.*

Fumaria tenuiflora *Pourr.* (2).

Trifolium incarnatum fl. albido (3).

— resupinatum *P.*

— repens *P.*

Hypericum perforatum *P.*

— hirsutum *E.*

Hypericum tetragonum.

Sonchus aquatilis *Pourr.* (4).

Lotus rectus *E.*

— angustifolius *E.*

Tragopogon picrioides *E.* (5).

Gnaphalium crispum (6).

Prenanthes viminea

— muralis.

Tussilago Farfara *P.*

Inula squarosa *A.*

Carduus pyrenaicus *Gouan* (7),

— monspesulanus.

Hieracium silvaticum *Gouan.*

— candidissimum *P.* (Note E).

— murorum pilosissimum *E.*

Erigeron viscosum *E.* (8).

(1) *Coronilla coronata.* La plante ainsi désignée n'est pas le *C. coronata* L. comme le pensait Pourret, d'après les auteurs elle se rapporte au *C. coronata* DC. (*Fl. Fr.* 4, p. 608 ; *C. minima, B. australis,* G. G., *Fl. Fr. et Cor.* 1, p. 496 ; *C. lotoides* Koch., *Deustchl., Fl.* 5, p. 199 ; *C. Clusii* L. Duf. *Ann. Sc. phys* 7, p 307). C'est une bonne espèce qui est encore très-abondante au pont de la Fou. Quant au *C. coronata* L., il doit être assimilé au *C. montana* Scop. (*Carn.* 2, p. 72, *tab.* 44).

(2) *Fumaria tenuiflora* Pourr. A Saint-Antoine et au pont de la Fou on ne trouve que les *F. parviflora* et *F. densiflora* DC., qui y sont très-communs, et il est très-probable que la plante de Pourret doit se rapporter à l'une ou l'autre de ces deux espèces. Il est certain, dans tous les cas, que s'il eût fait imprimer son travail en 1781, la priorité lui eût été acquise.

(3) *Trifolium incarnatum fl. albido.* Le type sauvage de cette plante fourragère est le *T. Molinieri* Balb.

(4) *Sonchus aquatilis* Pourret. Cette plante abonde encore au pont de la Fou sur un escarpement calcaire placé auprès de la fontaine. Les chèvres la recherchent avec avidité, aussi ne la trouve-t-on fleurie qu'aux endroits où elles ne peuvent atteindre.

(5) *Tragopogon picroides.* C'est l'*Urospermum picroides* Desf. (*Cat.*, ed. 1, p. 90).

(6) *Gnaphalium crispum.* C'est l'*Erigeron crispum* Pourr. (*Act. Acad. de Toul.,* ser. 1, vol. 3, p. 318) ; *Conyza ambigua* DC. (*Fl. Fr.* 5, p. 266).

(7) *Carduus pyrenaicus* Gouan. On réunit cette plante au *C. monspesulanus* L., cependant elle paraît s'en distinguer par ses feuilles plus larges et blanches en-dessous et ses calathides plus grosses et plus courtement pédonculées. Des essais comparatifs de culture pourraient seuls trancher la question, malheureusement jusqu'ici nos tentatives ont été sans résultat.

(8) *Erigeron viscosum.* C'est le *Cupularia viscosa* G. G. (*Fl. Fr.* 2, p. 181).

Chrysanthemum canescens *Pour-*
  ret. (Note F).
Anthemis tomentosa (1).
Filago germanica.
Ophrys myodes *P*.
Serapias longifolia *P*. (2).
Juniperus phœnicea *P*.
Carlina lanata *P*.
— corymbosa *E*.

Carlina vulgaris *E*.
Conyza sordida E.
Senecio silvaticus *A*.
— nemorensis, *fide Gouan*.
Centaurea conifera *P*. (3).
— benedicta *P*.
Vaillantia muralis *E*.
Hyoseris turbinata *Pourr*. (4).
Cryptogama perplures.

Comme l'herborisation du pont de la Fou, bien faite, peut retenir au plus trois heures, on pourrait faire le chemin le long de la rivière qui conduit à Saint-Martin. En descendant le petit côteau qui est à la vue de Saint-Martin, on trouve une petite prairie à une petite heure de Saint-Paul où l'on trouve les plantes suivantes :

Anthoxanthum odoratum *P*.
Hieracium Auricula *P*.
— cymosum.

Scabiosa arvensis.
Colchicum maximum *Pourr*. (5).
Orchis pyramidalis, etc., etc.

Après le pré, on trouve trois chemins : celui de gauche conduit à Saint-Martin, celui du milieu au Vivier, et celui de droite à Fosse (6); c'est ce dernier qu'il faut prendre. On trouve de suite les prairies de Fosse, qui sont fort intéressantes. On y trouve les espèces suivantes :

Aira cœspitosa *E*.
Campanula cymbalariæfolia (7).
Statice Armeria maxima *Pourr*. (8)

Briza media *E*.
Sison inundatum *E*.

---

(1) *Anthemis tomentosa*. C'est l'*Anacyclus clavatus* Pers. (*Syn*. 2, p. 465); *Anac. tomentosus* DC. (*Fl. Fr*. 5, p. 481).

(2) *Serapias longifolia*. C'est ainsi que nous l'avons déjà dit le *S. longipetala* Poll.

(3) *Centaurea conifera*. Syn. : *Leuzea conifera* DC. (*Fl. Fr*. 1, p. 109).

(4) *Hyoseris turbinata* Pourr. C'est une forme de l'*Hedypnois polymorpha* DC. (*Prodr*. 7, p. 81), et sans doute de l'*H. cretica* Willd (*Sp*. 5, p. 1616), *Hyoseris cretica* L. (*Sp*. 1139).

(5) *Colchicum maximum* Pourr. Nous est inconnu.

(6) Fosse est situé immédiatement sur le revers méridional du chaîn n néocomien qui ferme au Midi la dépression de Saint-Paul, et sur les bords du ruisseau de *Matassa* qui se jette dans la *Désix*, affluent de l'Agly.

(7) Plante douteuse.

(8) *Statice Armeria maxima* Pour. C'est le *Statice Mulleri* Huet-Pavillon (*Desc., pl. nouv*., p. 6).

En s'en retournant par le chemin de la *Canal* (1) droit à Saint-Paul, on trouve de plus les plantes suivantes :

Lonicera caprifolium , fl. albo *E.*
Convallaria multiflora *E.*
Rosa arvensis (2).
— alba (2).
Cistus cordifolius *Pourr.* (3).
— guttatus *P.*
Thalictrum minus *E.*
— fœtidum *E.*
Polygala amara.

Ribes rubrum *E.*
Erica scoparia *E.*
— arborea *E.*
Anemone coronaria *P.*
Teucrium flavum *E.*
Ranunculus graminifolius *E.*
Euphrasia lutea *E.*
Anthriscus minus *E.* (4).

Troisième herborisation. — Bois de Salvanère.

Le temps auquel on va faire des excursions aux Pyrénées , décide de plusieurs herborisations qu'on peut faire aux environs de Saint-Paul. Ainsi, comme les plantes sont plus précoces dans les montagnes inférieures , on peut visiter avant la fin de juin, tous les environs de Saint-Paul.

(1) En copiant Pourret, Barréra a commis ici une erreur. Au lieu de : chemin de la *Canal*, il faut lire : chemin de la *Couillade*. En effet, la ligne la plus courte, mais aussi la plus pénible, qui conduise de Fosse à Saint-Paul, franchit la crête du *Roc-Rouge* par la *Couillade de Bente-farine* (632 mètres), pour descendre dans la vallée de la *Boulzane* et gagner Saint-Paul en suivant cet important affluent de l'*Agly*.

(2) Plante douteuse.

(3) *Cistus cordifolius* Pourr. Le nom de *C. cordifolius* n'a pas été conservé; Pourret, lui-même, ne le mentionne pas dans son *Projet de Cistographie*. Il nous paraît probable qu'il avait en vue une plante commune dans les Corbières, que Lapeyrouse a nommée *Helianthemum hispidum* et dont nous parlerons dans les notes qui accompagnent ce travail (voyez note B.).

(4) *Anthriscus minus.* Cette plante nous paraît devoir être rapportée au *Chœrophyllum alpinum* Vill. (*Dauph.* 2, p. 642); *Anthr. silvestris* Hoff. (*Umb.*, p. 40) ; *A. silvestris, y tenuifolia* DC. (*Prodr.* 4, p. 223). Nous avons récolté cette plante au pont de la Fou le 22 mai 1874, mais nous ne l'avons pas citée dans notre liste parceque l'absence de fruits mûrs rendait notre détermination quelque peu douteuse.

Le bois de Vivier (1) est à deux lieues de Saint-Paul. Ce bois est complanté de hêtres et de chênes blancs, qui sont d'une grosseur extraordinaire. Il n'est pas rare d'y trouver des sangliers et des renards. Voici la liste des plantes que nous y avons observées; il est inutile de dire, que nous ne répétons pas les plantes déjà mentionnées.

Valeriana tripteris *E.*
Melica cœrulea *E.* (2).
Asperula rotundifolia *P.* (3).
Galium silvaticum *P.*
Pulmonaria augustifolia *P.*
Scandix Anthriscus *E.*
Stellaria graminea *P.*
— Holostea *P.*
— nemorum *P.*
Cistus polifolius (4).
Aconitum Lycoctonum *E.*
Aira altissima *E.* (5).
— alpina *E.* (6)

Cornus sanguinea *P.*
Cynoglossum apenninum *E.* (7).
Chenopodium polyspermum. *E.*
Sium nodiflorum *E.*
Pimpinella peregrina *E.*
Allium ursinum *P.*
— Moly *P.*
Narcissus hispanicus, vel moschatus.
Fritillaria Meleagris, fl. majore (8)
Festuca spadicea *E.* (9).
Glechoma hederacea *P.*
Turritis glabra.

(1) Vivier est un petit village situé à quelques kilomètres au sud-est de Fosse. Le bois de ce nom, aujourd'hui presque entièrement disparu, occupait les pentes supérieures du cirque, où la Matassa prend sa source et recouvrait même le chaînon élevé (altitude 900 à 1,100 mètres) qui la sépare de la haute vallée de la Désix. Toute cette région appartient par moitié au terrain granitique et de transition. Pour s'y rendre de Saint-Paul, on passe le pont de la Fou, on traverse le petit vallon de la *Riverole*, affluent de l'Agly, où se trouve Saint-Martin, et on gagne Vivier en franchissant le petit chaînon arrondi (altitude 450-550 mètres) qui sépare la Riverole de la Matassa.

(2) *Melica cœrulea.* Syn. : *Molinia cœrulea* Mœnch. (*Meth.* 183).

(3) *Asperula rotundifolia.* C'est l'*A. lœvigata*, L. (*Mant.* 38).

(4) *Cistus polifolius.* C'est l'*Helianthemum pulverulentum* DC. (*Fl. Fr.* 4, p. 823).

(5) *Aira altissima.* C'est le *Deschampsia cœspitosa* B., *pallida* G. G. (*Fl. Fr.* 3, p. 507); *Aira altissima* Lamk.

(6) *Aira alpina.* C'est le *Deschampsia littoralis* Reut. (*Cat.*, p. 236); *Aira littoralis* Godr. (*Fl. Jura.*). Cette plante est commune dans les Pyrénées.

(7) *Cynoglossum apenninum.* C'est le *C. pictum* Ait. (*Hort. Kew.*, ed. 1, tom. 3, p. 291).

(8) *Fritillaria Meleagris, fl. majore.* Pourret, par ces mots : *fl. majore*, veut sans doute distinguer le *Fr. Meleagris* l. du *Fr. pyrenaica* L. Ce dernier a les fleurs plus petites, en effet.

(9) *Festuca spadicea*, C'est le *F. consobrina* Timb. (*Bull. Soc. Hist. nat. Toul.*, 1869).

Lamium Orvala (1).   Ononis viscosa *E.*
Cardamine pratensis *P.*   — bengalensis *E.*
— impatiens *P.*   Carlina subacaulis *Pourr. E.*
Viola canina. *P.*   Arabis hastata *Pourr.* (2).
— palustris *P.*   Orchis ustulata *P.*
Fagus silvatica.   Ophrys anthropophora.
Iberis latifolia.

On revient coucher à Vivier, ou bien on descend le versant du bois du côté du couchant et on peut se retirer à *Rabouillet*, qui n'en est éloigné que d'une lieue et demie. Le lendemain, au matin , on peut se rendre au bois de *Salvanère*. On trouve en sortant de Rabouillet des prés remplis de narcisses et sur un tertre, du côté gauche du chemin , après le pré, on trouve une plante très-rare , et que je ne croyais venir qu'en Crète et à Naples , c'est le *Scrophularia lucida*, L. (3). Puis on passe sous le bois de *Boucheville* , ensuite à la croix du *Pla Lloubet*, et on arrive enfin à Salvanère par la prairie dite de la *Margaride* , à la vue de la métairie d'*Auxières*.

On va aussi à Salvanère , par un autre chemin. En partant de bon matin de Saint-Paul , on peut se rendre pour dîner à *Montfort*, en passant par *Caudiès , La Pradelle , Puilaurens, Salvezines* et *Gincla.* Entre La Pradelle et Puilaurens, j'ai vu : le *Sedum galioides* , Pourr. (4) et à Salvezines :

Sedum globiferum Pourr. (5).   *Ligusticum tenuifolium* Pourr.(6).

(1) *Lamium Orvala.* Cette plante exclue de la flore française par MM. Grenier et Godron, n'a pas été trouvée par nous dans les Pyrénées.

(2) *Arabis hastata* Pourr. Cette plante, du groupe de l'*A. hirsuta* L., se distingue par ses feuilles à limbe allongé, à oreillettes très-longues et écartées et très-peu velues. Elle est commune dans les Corbières.

(3) *Scrophularia lucida* L. Cette plante se distingue par ses fleurs du double plus grandes et son appendice staminal sub-orbiculaire , ainsi que l'ont indiqué avec raison MM. Grenier et Godron (*Fl. Fr.* 2, p. 567).

(4) *Sedum galioides* Pourr. C'est le *S. Cepœa* L. (*Sp.* 617. ; *S. galioides* All. (*Ped.* 2, p. 120).

(5) *Sedum globiferum* Pourr. C'est le *S. sphœricum* Lap.; *S. brevifolium* DC. (*Rapp.* 2, p. 79).

(6) *Ligusticum tenuifolium* Pourr. C'est le *Dethawia tenuifolia* Endil. Cette plante, commune dans les montagnes moyennes des Pyrénées fut découverte par Ramond, postérieurement à Pourret, sur le pic *Lhéris.* Ce botaniste lui donna le nom déjà imposé par Pourret. Y a-t-il là une simple coïncidence, ou bien connaissait-il la détermination de Pourret ?

— 44 —

Le lendemain, de Montfort on va à Salvanère. Pour bien voir le bois dans plusieurs sens, il faut s'acheminer vers Auxières, à la Margaride. Au sortir de cette prairie, on entre dans le bois, et on descend au *Planet de Labat*; ensuite, ou suit le ruisseau qui descend de la montagne, appelée la *Groseille*; le ruisseau est la même rivière qui vient à Saint-Paul, et porte le nom de ruisseau du *Pla Nébot*. On parcourt la montagne de la Groseille, on parvient à la source de la *Boulzane*, où croit le *Rhapontic* (1) en abondance et la jolie renoncule à feuilles d'Aconit. Lorsqu'on a parcouru la montagne on descend du côté du Pla Nébot, et on peut coucher à la *Jasse* qu'il y a ou à celle du Planet de Labat (2).

Nous avons observé à Salvanère une foule de plantes que nous n'avions pas rencontrées encore sur notre route, excepté à Vivier, où l'on en trouve quelques-unes ainsi que dans le bois

(1) C'est le *Rumex alpinus* L.

(2) Le bois de *Salvanère* (*Forêt-Noire*) occupe les pentes et le fond d'un cirque sauvage creusé dans les flancs du pâté montagneux connu sous le nom de *Montagne-Rase* (1,842 mètres) et de la *Serre d'Escales* (1,702 mètres), qui la prolonge à l'est. Ce cirque, où la Boulzane prend sa source, est divisé en deux parties inégales par un chaînon surbaissé (800 à 900 mètres), détaché du pic de la *Rouquette* (1,290 mètres) dépendance de la Serre d'Escales (c'est la montagne de la *Groseille*, de Pourret). Dans celui de l'ouest, ou vallon de *Montfort*, coule la Boulzane proprement dite, dans celui de l'est, ou vallon d'*Auxières*, naît la Riberette (ruisseau du *Pla-Nébot*, de Pourret). La Boulzane, ainsi formée par la réunion de ces deux ruisseaux, coule directement du sud au nord, traverse successivement *Ginela*, *Salvezines*, ou elle se grossit du *Faussibre*, descendu des crêtes de l'ouest, *Puilaurens* et enfin *La Pradelle*, où elle franchit le chaînon néocomien qui borde au midi la dépression de Saint-Paul. Parvenue dans cette dépression où elle reçoit le *Magnac*, elle tourne brusquement à l'est, arrose *Caudiès* et va, enfin, comme nous l'avons dit, se jetter dans l'Agly en aval de Saint-Paul.

Pour se rendre de Vivier à Salvanère, on gagne *Rabouillet*, dans le vallon de la *Désix*, affluent de l'Agly, en franchissant le col de *Lespinasse* (1,050 mètres). De Rabouillet on remonte le cours du ruisseau de *Boucheville*, tributaire de la Désix, et par le col de la *Margarido*, ouvert à 1,087 mètres d'altitude au nord du pic de la Rouquette, on pénètre dans le vallon d'Auxières, d'où l'on atteint Salvanère et les sources de la Boulzane proprement dite en franchissant la montagne de la Groseille.

Le second itinéraire indiqué par Pourret est plus long, mais aussi plus facile, car il emprunte la route carrossable qui remonte le cours de la Boulzane depuis son embouchure jusqu'à Montfort.

Le bois de Salvanère, comme celui de Vivier, repose en partie sur le granit et en partie sur le terrain de transition (cambrien et silurien).

de Boucheville. Mais comme le but principal de cette herborisation est de faire connaître surtout la végétation de Salvanère,
nous omettrons de signaler celles qui viennent dans ces deux
dernières localités secondaires. En voici la liste aussi complète
que possible :

Veronica latifolia *E.*
— serpyllifolia *E.*
— fruticulosa *E.*
— alpina *E.*
Valeriana saxatilis *E.* (1).
Cynosurus cærulescens *E.* (2).
Agrostis capillaris *E.*
Festuca amethystea *E.* (3).
Primula veris acaulis *P.* (4).
Myosotis alpina *E.* (5).
Androsace villosa *E.*
Campanula patula *E.*
— medium *E.*
— hederacea *P.*
Valeriana tuberosa *E.*
— pyrenaica *E.*
— tripteris *E.*
Plantago alpina *E.*
Alchemilla vulgaris.
— alpina.
— pentaphyllea.
Aphanes arvensis.

Eriophorum polystachyon *E.*
— vaginatum *E.*
Phyteuma orbicularis *P.*
— pauciflora *P.*
Physalis Alkekengi *E.*
Rhamnus alpinus.
Eryngium Bourgati *Gouan. E.*
Heracleum Panaces (6).
Ligusticum Levisticum *E.*
Pimpinella magna.
Convallaria majalis *P.*
Paris quadrifolia *P.*
Rumex alpinus.
Erica cinerea *A.*
Vaccinium Myrtillus *E.*
Lonicera alpigena *P.*
-- Xylosteum *P.*
— nigra *P.*
Gentiana acaulis (7).
— major (8).
— lutea.
Sambucus racemosa *P.*

(1) *Valeriana saxatilis.* Nous pensons que cette plante doit être rapportée au *V. globulariæfolia*, L., très-commun dans les Pyrénées-Orientales.

(2) *Cynosurus cærulescens.* C'est le *Sesleria cærulea*, Ard. (*Species*, *Alt.* 18, t. 6, f. 3-5).

(3) *Festuca amethystea.* C'est le *F. nigrescens* Lamk.; *F. heterophylla*, *B. alpina*, G G. (*Fl. Fr.* 3, p. 575) ; *F. amethystina* Debad. (*A w.* 2, *p.* 694).

(4) *Primula veris acaulis.* C'est le *P. grandiflora* Lamk. (*Fl. Fr.* 2, p. 268).

(5) *Myosotis alpina.* Pourret a nommé plus tard cette plante *M. pyrenaica* (*Chloris Narb*), parce qu'il la croyait propre aux Pyrénées, et c'est sous ce nom qu'elle est connue dans la science. Lapeyrouse, en se l'appropriant, l'appela de nouveau *M. alpina* L (*Abr. Pyr.* 85).

(6) *Heracleum Panaces.* Syn. : *H. pyrenaicum* Lamk. (*Dict.* 1, p. 403).

(7) *Gentiana acaulis.* Syn. : *G. alpina* Vill. (*Dauph* 2, p. 526, *tab.* 10).

(8) *Gentiana major.* Syn. : *G. acaulis* L. (*Spec.* 330); *G. excisa* Presl. (*Bot. Ztg.* 11, 1 p. 268).

Linum alpinum *P.* (1).
— campanulatum *E.*
Narcissus bicolor *P.* (2).
— hispanicus *P.*
— minor *P.*
— poeticus *P.*
Allium Schœnoprasum *E.*
— flavum *E,*
— senescens *E.* (3).
Scilla bifolia *P.*
— autumnalis *E.*
Epilobium angustifolium *E.*
Arbutus Uva-ursi *E.*
Polygonum Bistorta *E.*
Saxifraga Cotyledon.
— rotundifolia.
— stellaris.
Scleranthus polycarpos *E.*
Dianthus virgineus E. (4).
— plumarius (5).
Silene viridiflora *E.* (6)
Sedum Telephium *E.* (Note G).

Sedum purpureum *E.*
— sexangulare *E.*
— palustre *E.* (7).
— villosum *E.*
Arenaria laricifolia *E.*
— tetraquetra *E.*
— lanceolata *Allioni.*
— saxatilis *E.*
Cerastium tomentosum (8).
Cratœgus Aria *E.*
— torminalis *E.*
Sorbus Aucuparia *E.*
Gypsophila repens. *A.*
Oxalis Acetosella *E.*
— corniculata *E.*
Fragaria sterilis.
Rubus saxatilis.
Tormentilla erecta.
Potentilla argentea *E.*
— nitida *E.*
— fragarioides (9).
— passifloca *Pourr.* (10).

(1) *Linum alpinum.* Syn. : *L. salsoloides* Lamk. (*Dict.* 3, p. 521).

(2) *Narcissus bicolor.* Sous ce nom nous n'avons vu provenant des Pyrénées que l'hybride. *N. pseudo-narcissus poeticus,* G. G. (*Fl. Fr.* 3, p. 255).

(3) *Allium senescens.* Syn. : *A. fallax* Don. (*Monogr.*, p. 61).

(4) *Dianthus virgineus.* C'est le *D. pungens* G. G (*Fl. Fr.* 1, p. 234), *non Pourret in Itin.*

(5) *Dianthus plumarius.* Syn. : *D. superbus* L. (*Spec.* 589).

(6) La plante que Pourret désigne ainsi n'est pas le *Silene viridiflora* L. qui ne vient pas dans les Pyrénées. Celle que nous avons vu appeler de la sorte par quelques auteurs est le *S. nutans, B. viridella* Oth.

(7) Le *Sedum palustre* Pourr., se rapporte au *S. villosum* L., très-commun dans les Pyrénées-Orientales. Mais Pourret indique aussi le *S. villosum*; aurait-il eu en vue sous ces deux noms les *S villosum* L., et *pentandrum* L., que quelques botanistes réunissent? La question reste pendante, et comme nous n'avons pas fait cette course, il nous est impossible de la trancher.

(8) *Cerastium tomentosum.* Syn. : *C. lanatum* Lamk.

(9) *Potentilla fragarioides.* Il est probable que Pourret désignait ainsi le *P. micrantha* Ram., puisqu'il indique plus haut le *Fragaria sterilis,* auquel Villar a donné plus tard le nom de *P. fragarioides*; Adanson, en faisait le type de son genre *Fraga.*

(10) *Potentilla passifloca.* Plante inconnue.

Papaver cambricum *E*
— somniferum *E*. (1).
Aquilegia alpina *E*. (2).
Anemone ranunculoides *P*.
Thalictrum aquilegifolium *E*.
Ranunculus aconitifolius *E*.
— Thora *E*.
— pyrenæus. *E*.
— Flammula E.
Digitalis purpurea *P*.
Galeopsis Tetrahit.
Teucrium Botrys *E*.
— pyrenaicum.
— montanum *E*.
Delphinium Staphysagria.
Aconitum Anthora *E*.
— Napellus *A*.
— Lycoctonum *A*.
— cammarum *A*.

Adonis vernalis *P*. (3).
Helleborus niger *E*. (4).
— viridis *E*.
Pedicularis foliosa *E*.
— tuberosa *E*.
— verticillata *E*.
— rostrata *E*.
Melampyrum silvaticum *E*.
Thlaspi saxatile *E*. (5).
Draba incana *P*. (6).
Dentaria heptaphyllos, fl. albo.
— pentaphyllos, fl. purpureo.
Sideritis hyssopifolia *E*.
Cardamine petræa (7).
— multifida *P*. (8).
— raphanifolia 8).
— resedifolia *E*.
Hypericum Androsæmum *E*.
Cacalia Alliaria *Gouan* (9).

(1) *Papaver somniferum*. Syn. : *P. setigerum* DC. (*Fl. Fr.* 5, p. 585).

(2) *Aquilegia alpina*. Syn. : *A. pyrenaica* DC. (*Fl. Fr.* 5, p. 640). Lamark qui, comme on le voit, avait sans scrupule largement puisé dans les découvertes que Pourret livrait avec tant de générosité, n'avait pas craint de s'approprier tout simplement le nom créé par notre abbé sans même le nommer. Nous lisons, en effet : *A. alpina* Lamk. (*Dict.* 1, p. 150).

(3) *Adonis vernalis*. Syn. : *A. pyrenaica* DC. (*Fl. Fr.* 5, p. 635).

(4) *Helleborus niger*. C'est *H. fœtidus* L., qu'il faut lire. L'*H. niger*, L., ne venant pas dans les Pyrénées.

(5) *Thlaspi saxatile*. Syn. : *Æthionema saxatile* R. Brown (*Kew.*, ed. 2, vol. 1, p. 80).

(6) *Draba incana*. Syn. : *D. Johannis* Koch. (*Syn.* p. 68); *D. nivalis* DC. (*Fl. Fr.* n° 4730), *non* Litjebl.

(7) *Cardamine petræa*. La plante que Pourret nomme ainsi n'est pas l'*Arabis petræa* Lamk. (*Dict.* 1, p. 221), espèce étrangère à la flore française, car MM. Lecoq et Lamothe l'ont vainement cherchée en Auvergne où Lamark l'indiquait, et nous-même, dans nos nombreuses courses dans le Midi, n'avons pas été plus heureux, mais bien l'*A. stricta* Huds, que Lamark a nommé *A. hirta* et qu'il dit tenir de Pourret lui-même. Cette plante abonde dans les Corbières, et c'est par cette analogie que les auteurs ont cru devoir la rapporter à l'*A. petræa* Lamk.

(8) *Cardamine multifida* et *C. raphanifolia*. Ces deux plantes sont considérées comme des variétés du *C. latifolia*, L., dont les feuilles varient beaucoup de forme.

(9) *Cacalia Alliaria* Gouan. Syn. : *Adenostyles albifrons* Rcchb.

Senecio viscosus *A.*
Achillea Ptarmica *E.*
Filago montana *E.*
Carpinus Betulus.
Pinus Pinea.
Arabis alpina *P.*
Spartium purgans.
Ononis stricta *Gouan.*
Trifolium alpinum *E.*
Prenanthes purpurea *E.*
Gnaphalium silvaticum *E.*
Tussilago alpina *E.*
Carex atrata *E.*
— montana *E.*
Chrysanthemum graminifolium *E.*
Corylus Avellana.
Holcus odoratus *P.* (1).
— mollis *P.*

Fumaria bulbosa (2).
Polygala vulgaris fol. subrotundis (3).
Leontodon alpinum *E.* (4).
— aureum *E.* (5).
Carduus mollis *A.* (6).
— acaulis *A.*
Cineraria Helenitis (7).
— sibirica (8).
Hieracium villosum (NOTE H).
— taraxaci (9).
— alpinum *E.*
— cerinthoides *A.*
Viola hirta *P.*
— tricolor (10).
— bicolor *Pourr.* (11).
— cornuta.
Veratrum album *E.*

(1) *Holcus odoratus.* Syn. : *Hierocloa borealis* Rœm. et Schultz (2, p. 513). Cette plante n'a pas été retrouvée dans les Pyrénées.

(2) *Fumaria bulbosa.* Syn. : *Corydalis solida* Smith. (*Engl. Fl.* 3, p. 353).

(3) *Polygala calcarea*, Schultz (*Excic. cent.* 2, nᵒ 15).

(4) *Leontodon alpinum.* C'est le *L. pyrenaicum* Gouan (*Ill.*, p. 55, fig. 1-2).

(5) *Leontodon aureum.* C'est le *L. pyrenaicum*, var. *aurantiacum* Koch. (*Syn.* 481).

(6) *Carduus mollis.* C'est le *Jurinea Bocconi* Guss. (*Syn.* 2, p. 448).

(7) *Cineraria Helenitis.* C'est le *Senecio brachychœtus*, DC. (*Prod.* 6, p. 362); *B. discoideus*; *S. pyrenaicus* G. G. (*Fl. Fr.* 2, p. 124).

(8) *Cineraria sibirica.* Syn. : *Ligularia sibirica* Cass. (*Bull. Soc. Phil.*, p 198).

(9) *Hieracium taraxaci.* Synonyme bien connu : *Leontodon taraxaci* Lois (*Gall.* 2, p. 513) Mais comme il n'est pas certain que cette plante croisse dans les Pyrénées, il est probable que Pourret aura confondu avec le vrai *H. toraxaci* L., la plante de la figure 22 des *Illustrations,* de Gouan, qui abonde dans les Corbières et les Pyrénées de l'Ariége jusqu'à Viedessos, et qui manque complétement dans le reste de la chaîne.

(10) *Viola tricolor.* Comme il y a plusieurs espèces confondues autrefois sous ce nom , il est difficile de dire à laquelle se rapporte la plante ainsi nommée par Pourret.

(11) *Viola bicolor*, Pourr. Espèce voisine du *V. tricolor* L., qui est commune dans les Corbières et les Pyrénées-Orientales. Mais, ainsi que nous l'avons dit, le *V. tricolor* est un groupe d'espèces confondues sous ce nom, et comme elles ne sont pas suffisamment étudiées il est impossible encore de savoir à laquelle le nom de *V. bicolor* Pourr. devra être appliqué.

Astragalus Glaux *E.*
Polypodium Lonchitis (1).
— fragile (2).
— aculeatum (3).
— Dryopteris

Osmunda crispa (4).
— Spicant (5).
— Lunaria (6).
Musci perplures.

Quatrième herborisation. — Le Llaurenti.

En partant du Planet de Labat, on se rend dans six ou sept heures à Quérigut, en passant dans le Clot-d'Espagne ; on monte au col de *Jau* ; de là, on descend aux forges de Counozouls, ensuite à *Roquefort-de-Sault* et le *Bousquet*, du Bousquet à Carcanières et de là à Quérigut (7) où l'on va à la montagne du *Llaurenti*, ou en droiture par le chemin d'*Artigues*, ou, en en tournant la montagne de Quérigut et en montant par *Campalles*, droit à la *Bentaillole*. De là, on voit par-dessus l'étang de Quérigut, on laisse à gauche le bois *Nègre*, on s'achemine

(1) *Polypodium Lonchitis.* Syn. : *Aspidium Lonchitis* Swartz (*Syn. Til.* 43).

(2) *Polypodium fragile.* Syn. : *Cystopteris fragilis* Bernh. (*Sch. Journ.* 1, pars 2, p. 26).

(3) *Polypodium aculeatum.* Syn. : *Aspidium aculeatum* Dall. (*Rh. Fl.* 20).

(4) *Osmunda crispa.* Syn. : *Allosurus crispus* Bernh. (*Sch. Journ.* 1, pars 2, p. 36).

(5) *Osmunda Spicant.* Syn. : *Blechnum Spicant* Roll. (*Tert.* 3, p. 44).

(6) *Osmunda Lunaria.* Syn. : *Botrychium Lunaria* Sw. (*Sch. Journ.* 2, p. 110).

(7) Le chemin indiqué par Pourret pour se rendre du bois de Salvanère à Quérigut n'est pas le plus direct, mais il traverse une région si accidentée et si remarquable que ce défaut est largement compensé. On passe d'abord de la vallée de la Boulzane dans celle de la *Castillane*, affluent de la Têt, par le col de *Pla-Lébat* (1,520 mètres), placé entre la Montagne-Rase (1,842 mètres), à l'ouest, et le pic des *Escales* (1,702 mètres) à l'est. Du col on descend au *Clot d'Espagne*, appelé aussi *Monasty*, petite combe de pâturages au bord de la Castillane, et, laissant à gauche cette petite rivière, qui va prendre sa source quelques kilomètres plus au sud sur les flancs du pic de *Bernat-Salvagé* (2427 mètres), on gravit les raides lacets, qui, à travers les pâturages de *Souaca*, conduisent au col de *Jau*, ouvert à 1,513 mètres d'altitude, entre la Montagne-Rase au nord et le pic de la *Glèbe* (2,024 mètres) au sud, sur l'arête qui sépare les trois bassins de l'Aude, de la Têt et de l'Agly. Du col de Jau on descend au bord de l'*Aiguette*, ou *Guetta*, qui naît, plus au sud, au col de la *Marranne*, sous les épais ombrages de la forêt de *Lapazeuil* On descend le cours de ce torrent jusqu'aux forges, aujourd'hui abandonnées, de *Counozoul* (1,192 mètres) et, en ce point, on s'élève sur le versant

vers le *Pla de l'Ourse*, où il y a des prairies immenses , garnies
de jolies plantes alpines , comme : *Ranunculus pyrenæus* (1),
Aster alpinus E, *Lychnis alpina* E, *Primula integrifolia* E, *Vaccinium uliginosum*, *Gentiana verna* E.

Ces prairies conduisent au *Pla de Bernard*, au-dessus de la
Bentaillote , qui est située sur la cime de la montagne, d'où on
descend à *Boutariol*, où l'on commence à trouver le *Silene
acaulis*, l'*Azalea procumbens* et beaucoup de *Saxifrages*. De
Boutariol on passe aux *Aiguettes*, où se trouve en abondance
plusieurs *Ombellifères*, plusieurs *Lys* et diverses *Liliacées*; des
Aiguettes on descend auprès du *Llaurenti*, qui fournit de jolies
plantes. Des prés , en suivant la rivière, on monte à l'étang du
Llaurenti , qu'on appelle aussi dans le pays : *Etang d'Artigues*.
Cet étang est situé à l'entrée d'une gorge qui forme d'abord un
bassin arrondi de 70 toises de diamètre dans sa base, et au milieu
duquel se trouve précisément placé cet étang, qui peut avoir,
à peu près, 50 toises de large, sur autant de long. L'eau de cet
étang n'est pour la plus grande partie que de l'eau de neige,
mêlée avec les eaux des fontaines qui s'y jettent. Elle est amère
au goût, et si froide que le poisson n'y vit pas, quoique on ait

occidental de la vallée pour atteindre *Roquefort-de-Sault* , village situé à 1,009
mètres d'altitude, dans une gorge étroite et sauvage parcourue par la route de
voitures de *Quillan* à *Montlouis*, et où coule le ruisseau de la *Clarionelle*, affluent
de l'Aiguette. La route de Montlouis, qu'on ne doit plus quitter, continue à s'élever
sur le large contrefort qui sépare l'Aiguette de l'Aude, traverse le petit village du
Bousquet, et par une forte rampe gagne le col du *Garavel*, point culminant de
l'ascension. De ce col, laissant à droite le village d'*Escouloubre*, elle descend par
de périlleux lacets dans la profonde et effrayante tranchée où l'Aude se fraie pé-
niblement un passage, atteint les bains de *Carcanières* où elle traverse l'Aude, et
remontant aussitôt sur le flanc opposé de la vallée, arrive au village de *Carcanières*
(1,200 mètres d'altitude), et, peu après, finit par atteindre Quérigut.

On peut gagner deux heures par une autre voie tout aussi facile. De Montfort on
s'élève par les bois de *Lorry* au col de l'*Hommenet*, ouvert à 1,367 mètres d'altitude
entre le pic de *Crabixa* (1,600 mètres) et le *Pech Pedro* (1,576 mètres), sommités
de l'arête qui prolonge la Montagne-Rase au nord. De ce point on descend par de
brusques lacets dans une gorge étroite qui débouche au village de *Sainte-Colombe*
dans la vallée de l'Aiguette. De Sainte-Colombe on n'a plus qu'à gagner Roquefort, distant de cinq kilomètres, par la route de Quillan à Montlouis.

(1) *Ranunculus pyrenæus*. Il est certain que Pourret ne distinguait pas le *R. pyrenæus* L., du *R. angustifolius* DC. Ce dernier est plus commun dans cette partie
des Pyrénées, tandis que dans le reste de la chaîne on ne trouve que le premier.

essayé d'y en jeter plusieurs fois avec précaution ; au bout de deux jours, on a vu les poissons morts surnager et jetés sur le rivage. La gorge se retrécit immédiatement après avoir passé l'étang et elle se retrécit insensiblement dans toute sa longueur, qui est assez considérable ; sa direction va du couchant au levant. A trois cents pas de l'étang, on rencontre une source très-abondante, dont l'eau est si froide, que le thermomètre plongé dedans, n'a donné qu'un degré au-dessus de zéro. Tout au-près de cette fontaine, sur les rochers, on trouve :

Gentiana nivalis *E.*
Astrantia minor *A.*
Bupleurum pyrenaicum *E.*
Lepidium alpinum *E.*
Angelica Razulii *Gouan. E.*
Salices perplures.

Le point de vue du Llaurenti, à l'entrée de l'étang, est magnifique et tout-à-fait pittoresque par l'échappée du vallon dont les rochers superposés et presque toujours couverts de neige présentent l'idée de la nature vraiment sauvage et par cette nappe d'eau qui est entourée de tous les côtés par des rochers de la plus grande élévation, dont les uns, blanchâtres et sans aucun arbre ni arbuste, contrastent singulièrement avec les parallèles qui font face au Nord, et sont d'une nature toute différente par le ton de couleur que leur donnent les mousses qui les couvrent et qui, humectées par les eaux qui suintent de ces rochers, soit en séchant, soit en se pourrissant, leur donnent une couleur noirâtre. Le côté droit, opposé au Midi, est le plus élevé ; il y a surtout une montagne qu'on nomme le *Roc Blanc*, très-élevée et qui le dispute au *Canigou* (1). Ce côté est moins garni que l'opposé. L'extension de la gorge mérite une herborisation particulière et elle est la plus intéressante, puisqu'on y trouve :

Veronica Nummularia.
Astragalus uralensis.
— montanus.
Dryas octopetala.
Allium Scorodoprasum.
Carex atrata.
— digitata , etc., etc.

(1) Pourret commet ici une erreur bien excusable du reste, car il est fort difficile d'apprécier d'une manière exacte la question d'altitude par le simple coup d'œil. Le Canigou a, en effet, 2,785 mètres d'altitude, tandis que le Roc-Blanc n'en a que 2,547.

On s'en revient par le côté qui fait face au Midi. On suit la petite rivière qui descend des *Fronteils*, et qui vient se jeter dans l'étang ; on côtoie l'étang et on parvient à son embouchure, qui est assez étroite par le resserrement des deux montagnes, qui ne laissent qu'un petit passage pour la rivière, et qui porte le nom de *Roc-del-Saillant*. On s'achemine vers le *Pla-del-Bosc*, et on revient à Quérigut, en passant par Artigues (1).

(1) Pour qu'on puisse se rendre un compte exact de la topographie de la *Montagne de Llaurenti*, ainsi que Pourret la nomme, il faut entrer ici dans quelques détails sur la région tourmentée dont elle fait partie.

De l'arête importante qui sépare les bassins de l'Ariége et de l'Aude et qui appartient à la grande ligne de partage des versants de l'Océan et de la Méditerranée, se détache, au pic de *Camp-Ras* (2,554 mètres), un chaînon granitique latéral qui se dirige au sud de Quérigut à peu près de l'ouest à l'est pour se terminer brusquement au bord de l'Aude adolescente à peu de distance du col des *Hares*. Dix kilomètres, à vol d'oiseau, plus au nord, la même arête éme tau pic de *Lafajolle* (2,027 mètres) un second chaînon latéral formé de schistes et de calcaires de transition, qui court parallèlement au premier et s'interrompt aussi bientôt au bord de la sauvage coupure de l'Aude. L'espace limité par l'arête de partage, les deux chaînons latéraux et l'Aude forment le bassin secondaire de la *Sonne*, qui se jette dans l'Aude au-dessous des antiques remparts du château d'*Usson*. Ce bassin se trouve lui-même divisé en quatre vallons par autant de contreforts de peu d'étendue qui sont de l'est à l'ouest, les vallons de *Quérigut*, d'*Artigues*, de la *Bruyante* et de la Sonne proprement dite.

C'est au vallon d'Artigues, et principalement à sa partie supérieure, que Pourret donne le nom de *Llaurenti*. Cette partie constitue un cirque sauvage formé par une haute barrière de cimes escarpées rangées en demi-cercle et dont les plus importantes sont de l'est à l'ouest : le pic de *Ginevra* (2,382 mètres), le pic de la *Tribune* (2,498 mètres), le Camp-Ras et le Roc-Blanc. Une courte arête descendue du pic de la Tribune divise ce cirque en deux gorges étroites, dont celle de l'ouest renferme l'étang de Llaurenti. Cet étang, dont Pourret a singulièrement réduit les dimensions, mesure trois cents mètres de large sur deux cent-cinquante de long. La pyramide élancée du Roc-Blanc le domine immédiatement au sud-ouest. Toute cette région est granitique.

Pour s'y rendre de Quérigut on s'élève sur la croupe couverte de prairies et de blocs erratiques (1,750 mètres), qui sépare le vallon de ce nom de celui d'Artigues. On en gagne le sommet, et à travers la forêt des *Bragues* on atteint la base du *Roc des Cougats* (2,086 mètres). De ce point on descend au bord du ruisseau d'Artigues et on parvient à l'étang en remontant le torrent qui en découle. Pour rentrer par une autre voie, on descend au village d'Artigues en suivant le cours du ruisseau et par le village de *Pla* et la route carrossable d'Ax à Montlouis, on remonte à Quérigut.

Pour compléter l'herborisation du Llaurenti, il serait avantageux de visiter aussi la haute vallée de la Bruyante, qui lui est attenante et qui renferme plusieurs lacs.

Voici la liste des plantes particulières observées dans le bois et sur la montagne du Llaurenti :

<table>
<tr><td>Pinguicula alpina E.</td><td>Valeriana tuberosa E.</td></tr>
<tr><td>Veronica aphylla E.</td><td>Eriophorum vaginatum E.</td></tr>
<tr><td>— bellidifolia E.</td><td>Alopecurus geniculatus E.</td></tr>
<tr><td>— alpina E.</td><td>Aira alpina E. (4).</td></tr>
<tr><td>— fruticosa E.</td><td>Poa alpina E. (5).</td></tr>
<tr><td>— Nummularia E.</td><td>Globularia cordifolia E.</td></tr>
<tr><td>— Ponæ E.</td><td>Circæa alpina E.</td></tr>
<tr><td>— latifolia E.</td><td>Asperula pyrenaica.</td></tr>
<tr><td>Plantago graminifolia P. E. (1).</td><td>Scabiosa succisa E.</td></tr>
<tr><td>— monosperma Pourret E. (2).</td><td>— silvatica E.</td></tr>
<tr><td>— alpina E.</td><td>— integrifolia E.</td></tr>
<tr><td>Galium pyrenaicum.</td><td>Myosotis alpina non Linné (6).</td></tr>
<tr><td>Valeriana tripteris E.</td><td>Ilex Aquifolium.</td></tr>
<tr><td>— montana E.</td><td>Androsace carnea A.</td></tr>
<tr><td>— saxatilis E. (3).</td><td>— lactea E. (7).</td></tr>
</table>

Pour cela, au lieu de rentrer à Quérigut, en revenant du Llaurenti, il faudrait aller coucher à *Mijanès*, village placé sur la Sonne, au débouché de la gorge de la Bruyante. On s'y rend d'Artigues, par *Rouze*, en suivant la route de voiture d'Ax à Montlouis. Le lendemain on pourrait remonter le torrent et explorer avec soin la forêt des *Hares* et la gorge pittoresque qui renferme l'étang de *Rabassoles* et les lacs *Bleu* et *Noir*. Un bon sentier permet de faire cette course sans danger.

(1) *Plantago graminifolia* Pourr. Syn. : *Pl. graminea* Lamk. (*Ill.* 1685).

(2) *Plantago monosperma* Pourr. Lamarck avait essayé de s'approprier cette plante, tout comme la précédente, car Pourret l'avait distribuée avec sa complaisance habituelle. Il l'avait nommée *Pl. argentea*. Heureusement ce nom avait déjà été donné par d'autres botanistes, Bellardi, Desfontaines, etc., etc., et le nom de Pourret est resté à cette plante, dont il donne une exacte description (*Chl. Narb. in Act. Acad. Toul. ser.* 1, *vol.* 3, *p.* 325).

(3) *Valeriana saxatilis*. C'est le *V. globulariæfolia* Ram. ; *V. glauca* Lap.

(4) *Aira alpina*. Cette espèce linnéenne ne croissant pas dans les Pyrénées, il est à supposer que Pourret a nommé ainsi une forme à épillets pourpres et brièvement pédicellés du *Deschampsia cæspitosa var alpina* Gaud. (*Hel.* 1, p. 323), commune dans la région alpine de la chaîne.

(5) *Festuca spadicea*. Le vrai *F. spadicea* L., commun dans les Pyrénées centrales, est remplacé dans les Pyr.-Or. par le *F. consobrina* Timb.

(6) *Myosotis alpina*. Syn. : *M. pyrenaica* Pourr. (*Chloris Narb.*).

(7) *Androsace lactea*. Cette plante, d'après MM. Grenier et Godron (*Fl. Fr.* 2, p. 456), et d'après nos propres recherches, n'a pas été trouvée dans les Pyrénées. Pourret aurait-il eu en vue sous ce nom une espèce particulière ou bien une forme ou variété de l'*A. villosa* L., citée aussi par Lapeyrouse sous le nom d'*A. Chamæjasme* Willd, Jacq. et M. Bieb?

Androsace villosa *E.*
— septentrionalis *E.* (1).
Azalea procumbens *E.*
Swertia perennis.
Ribes Uva-crispa.
Lonicera nigra *E.*
— cærulea *E.*
Rhamnus alpinus *E.*
Trapa natans *E.*
Alchemilla pentaphylla. *E.*
Epimedium alpinum *E.* (2).
Aretia alpina *E.* (3).
— pyrenaica *E.* (4).
Diapensia lapponica *E* (5).

Menyanthes trifoliata *E.*
Hottonia palustris *E.*
Thesium alpinum.
Primula farinosa *E.*
— Auricula *E.* (6).
— integrifolia.
— Vitaliana.
— varietate *E.*
Illecebrum verticillatum *E.*
— Paronychia *E.* (7).
Angelica Razulii *E.*
— silvestris *E.*
Campanula patula *E,*
— barbata *E.* (8).

(1) *Androsace septentrionalis.* Cette plante nous paraît être l'*A. elongata* Jacq., que Lapeyrouse indique d'après Pourret au pic de *Bugarach*, et que M. Bubani a trouvée aux environs de Puycerda, dans la Cerdagne espagnole.

(2) *Epimedium alpinum.* Tous les floristes ont exclu cette plante de la flore française.

(3) *Aretia alpina.* C'est l'*A. pubescens* DC. (*Fl. Fr.* 3, p. 438).

(4) *Aretia pyrenaica.* Cette plante, découverte par Pourret, et baptisée du même nom par Lamarck, a aussi été nommée *A. diapensoides* par Lapeyrouse (*Abr.* 93 *et Suppl.* 34 *Fl. Pyr. tab.* 3). Une polémique très-vive s'est élevée au sujet de cette espèce entre Lapeyrouse et Lamarck d'une part, et De Candolle de l'autre, le botaniste toulousain a soutenu que seul il avait trouvé cette plante, qu'il l'avait figurée et que seul il en avait distribué des échantillons. Il est fort possible que notre compatriote ait trouvé cette plante le premier dans le vallon de *Melles*, au rocher d'*Avéran* (Haute-Garonne), qu'elle tapisse encore (1867) comme de son temps. Mais Pourret l'avait trouvée au Llaurenti avant 1781 et l'avait aussi distribuée à ses amis, et Lamarck, ainsi que nous le voyons, n'a pas hésité à se l'attribuer, comme d'habitude.

(5) *Diapensia lapponica.* Cette espèce indiquée en Laponie, en Norwége et dans l'Amérique boréale (*Stend-Nom.*, p. 501) ne doit pas exister dans les Pyrénées. Pourret ne peut avoir eu en vue, en la désignant sous ce nom, l'*Androsace obtusifolia* All., puisque cette espèce n'a pas été trouvée dans la chaîne, et il est à croire qu'il indiquait par là une simple forme de l'*A. elongata* Jacq.

(6) *Primula Auricula.* Indiquée par Lapeyrouse au Canigou, d'après Tournefort et Lemonnier, cette plante n'y a pas été retrouvée. Il est probable que Pourret a eu en vue l'espèce nommée par Lapeyrouse *P. latifolia*, espèce qui est commune dans les Pyrénées-Orientales, notamment au pic de Cambres d'Azé.

(7) *Illecebrum Paronychia.* Syn. : *Paronychia serpyllifolia*, DC. (*Fl. Fr.* 3, p. 404).

(8) *Campanula barbata.* MM. Grenier et Godron (*Fl. Fr.* 2, p. 40) ne citent pour cette espèce que des localités des Alpes, et nous ne l'avons jamais vue dans les Pyrénées. Disons, toutefois, que Lapeyrouse la dit rare et l'indique au port de *Paillères*, à *Las Rabassoles*, à la montagne de *Mijanès*, localités très-voisines du Llaurenti et que nous n'avons pas visitées.

Campanula hederacea *E.*
Carum Carvi.
Verbascum Myconi (1).
Eryngium alpinum (2).
Phyteuma pauciflora *E.* (3).
Bupleurum pyrenaicum *A.*
— ranunculoïdes *A.*
Gentiana verna *E.*
— bavarica *E.* (4).
— nivalis *E.*
— utriculosa *E.* (5).
— amarella *E.* (6).
Ligusticum peloponesiacum.

Laserpitium latifolium.
— simplex (7).
— trilobum (8).
Bunium majus *E.* (9).
Selinum silvestre *E.* (10).
— pyrenaicum *E.* (11).
Athamanta Libanotis major.
— Meum *E.*
Heracleum Sphondylium *E.* (12).
— sibiricum *E.* (13).
Sison inundatum *E.*
Galanthus nivalis *P.*
Silene acaulis *E.*

(1) *Verbascum Myconi.* C'est le *Ramondia pyrenaica* Rich. (*in Pers. Syn.* 1, p. 216).

(2) *Eryngium alpinum.* N'a pas été retrouvé dans les Pyrénées. On sait que l'*Eryng. Bourgati* Gouan se présente sous deux formes, l'une, blanche-verdâtre dans tontes ses parties, l'autre, d'un bleu foncé sur les tiges, les involucres et les fleurs. Ne pourrait-il pas se faire que Pourret ait pris la forme verte pour l'*E. Bourgati*, et la bleue pour l'*E. alpinum?*

(3) *Phyteuma pauciflora.* C'est le *Jasione humilis*, *B. pygmœa* G. G. (*Fl. Fr.* 2, p. 399).

(4) *Gentiana bavarica.* N'a pas été retrouvé dans les Pyrénées. On confond ordinairement cette espèce avec une forme à feuilles arrondies du *G. verna.* Aussi Lapeyrouse, qui commettait cette erreur, croyait-il que le *G. bavarica* était une mauvaise espèce.

(5) *Gentiana utriculosa.* Cette espèce, exclue à juste titre de la flore pyrénéenne, a été confondue avec une forme du *G. nivalis* L. (*Spec.* 332).

(6) *Gentiana amarella.* Il en est de même pour cette autre espèce qui a été confondue avec des formes à fleurs bleues du *G. campestris.* Ces plantes auraient besoin d'être étudiées de nouveau pour se prononcer sûrement sur leur détermination. Peut-être est-ce le *G. Senella* Rostb. ?

(7) *Laserpitium simplex.* C'est l'*Endresia pyrenaica* Gay (*Ann. Scienc. Nat.* ser. 1, t. 26, p. 223).

(8) *Laserpitium trilobum.* Syn. : *L. Nestleri* Soyer-Willm. (*Obs. Bot.* 87). Le nom de *L. trilobum* Lap., qui est plus ancien, devrait avoir la priorité.

(9) *Bunium majus.* C'est, ainsi que nous l'avons déjà dit, le *Conopodum denudatum* Koch.

(10) *Selinum silvestre.* C'est l'*Angelica montana* Gaud. (*Helv.* 2, p. 341).

(11) *Selinum pyrenaicum.* Syn. : *Angelica pyrenaica* Spreng. (*Umb.* 62).

(12) *Heracleum Sphondylium.* Syn. : *H. amplifolium* Lap.; *H. pyrenaicum* Lamk.

(13) *Heracleum sibiricum.* Forme à tiges grèles et à feuilles étroites de l'*H. pyrenaicum* Lamk.

Drosera longifolia *E.* (1).
— rotundifolia *E.*
Allium Victorialis *E.*
— senescens *E.*
— Schænoprasum *E.*
Ornithogalum pyrenaicum.
Scilla bifolia *P.*
Epilobium angustifolium *E.*
— alpinum.
Rumex luxurians *an novum P.* (2).
Vaccinium Oxycoccos *E.*
— uliginosum *E.*
Daphne Cneorum *E.*
Uvularia amplexifolia *E.*
Anthericum Liliastrum *E.* (3).
— ossifragum *E.* (4).
Convallaria verticillata *P.*
— bifolia *P.* (5).
Juncus articulatus *E.*
— niveus *E.*
— aureus *Pourret.*
— spicatus *E.*
— pilosus *E.*
— varietas *P.* (6).

Mœhringia muscosa *E,*
Polygonum divaricatum *A.* (7).
— viviparum *E.*
Sedum palustre *E.* (8).
Andromeda polifolia *E.*
Pyrola rotundifolia *E.*
— minor *E.*
— uniflora *E.*
Gypsophila repens.
Dianthus pyrenæus *P.* (9).
— monspesulanus *E.*
Stellaria nemorum *E.*
— graminea *E.*
— biflora *E.*
Cherleria sedoïdes *E.*
Spiræa Aruncus *E.*
Saxifraga Cotyledon E.
— mutata *E.*
— media, *Gouan.*
— cæsia *E.*
— sedoïdes *F.*
— bryoïdes *E.*
— hirsuta *E.*
— retusa *Gouan.*

(1) *Drosera longifolia.* Pourret ne parle pas du *D. intermedia* bien plus répandu dans les Pyrénées que le *D. longifolia*; aurait-il confondu ces deux plantes?

(2) *Rumex luxurians.* Ce *Rumex* a été communiqué par Pourret à Lapeyrouse, qui non-seulement se l'est approprié en le nommant *R. amplexicaulis*, mais encore a emprunté à Pourret ses propres localités, le Llaurenti, les Aiguettes et Salvanère, sans même le citer !

(3) *Anthericum Liliastrum.* C'est le *Paradisia Liliastrum* Bertol. (*Fl. Ft.* 4, p. 133).

(4) *Anthericum ossifragum.* Syn. : *Narthecium ossifragum* Huds (*Angl.* 145).

(5) *Convallaria bifolia.* Syn. : *Mayanthemum bifolium* DC. (*Fl. Fr.*, 2, p. 177).

(6) *Juncus varietas.* Pourret ne cite ni le *Luzula multiflora* Lej., dont la variété *pallescens* est commune dans nos montagnes, ni le *L. Forsteri* qui y abonde aussi. Son *juncus varietas* doit se rapporter à l'une des deux. Mais à laquelle ?

(7) *Polygonum divaricatum.* Syn. *P. alpinum* All. (*Ped.* 2, p. 206).

(8) *Sedum palustre.* Nous avons déjà rapporté cette plante à une forme du *S. villosum*, peut-être le *S. pentandrum* Bor.

(9) *Dianthus pyrenæus*, Pourr. D'après les auteurs ce serait le *D. attenuatus* Smith.

Saxifraga autumnalis *A*.
— pyramidalis *Pourr*. (1).
— geranioides *E*.
— petræa *E*. (2).
— hypnoides *E*.
Arenaria lateriflora *E*. (3).
— multicaulis *E*. (4).
— gypsophiloides *P*. (5).
— grandiflora *E*. (6).
— juniperina *E*. (7).
Cerastium latifolium *A*. (8).
— repens *E*. (9).
— tomentosum *E*. (10).
Sempervivum montanum *E*.
— arachnoideum *E*.
Dryas octopetala *E*.
Trollius europæus *E*.

Sedum Anacampseros *E*.
— annuum *E*.
— atratum *E*.
Lychnis alpina.
— diurna, fl. rubro *E*.
Spergula nodosa *E*.
Reseda glauca *A*.
— sesamoides *E*.
Mespilus Chamæmespilus *E*.
— Cotoneaster *E*.
Geum rivale *E*.
Hedysarum alpinum (11).
Potentilla rupestris
— argentea.
— alba (12).
— stipularis (13).
— grandiflora (14).

(1) *Saxifraga pyramidalis* Pourr. Pourret n'indique pas le *S. Aizoon* Jacq., au Llaurenti, pourtant cette espèce et ses nombreuses formes sont très-répandues dans toute la chaîne. Ne pourrait-il pas se faire qu'il ait nommé *S. Cotyledon* cette plante, tandis qu'il aurait imposé à ce dernier le nom de *S. pyramidalis* ? Lapeyrouse, qui s'est approprié ce nom, cite aussi le *S. Aizoon* Jacq.

(2) *Saxifraga petræa*. C'est le *S. aquatica* Lap. (*H. Pyr.* 55, *tab.* 28 et 29), espèce distincte du *S. ascendens* L. (*Spec.* 579). Nous ferons aussi remarquer que Pourret ne cite pas dans cette course le *S. oppositifolia* L., qui abonde pourtant dans cette région ; peut-être l'a-t-il pris pour le *S. mutata* L., qui n'a pas été retrouvé dans la chaîne, malgré que cette dernière soit une espèce bien différente.

(3) L'*Arenaria lateriflora* L., est une plante de Sibérie qui n'a pas été trouvée en France. Peut-être Pourret a-t-il voulu désigner sous ce nom l'*A. Jacquinii* Koch.

(4) *Arenaria multicaulis*. C'est l'*A. verna* Bart. (*Beitr.* 2, p. 63).

(5) L'*Arenaria gypsophiloides* est une plante d'Orient, étrangère à la flore française. Pourret a sans doute nommé ainsi l'*A. purpurascens* Ram.

(6) *Arenaria grandiflora*. C'est l'*A. triflora* L. (*Mant.* 240).

(7) *Arenaria juniperina*. Syn. : *A. grandiflora* All. (*Ped.* 2, p. 113).

(8) *Cerastium latifolium*. Syn. : *C. pyrenaicum* Gay (*Ann. Scienc. Nat.* 26, p. 231).

(9) *Cerastium repens*. Syn. : *C. arvense* L. (*Sp.* 628).

(10) *Cerastium tomentosum*. Syn. : *C. lanatum* Lamk. (*Enc.* 1, p. 680).

(11) *Hedysarum alpinum*. Syn. : *Onobrychis montana* DC. (*Fl. Fr.* 4, p. 611).

(12) *Potentilla alba*. C'est le *P. splendens* DC. (*Fl. Fr.* 4, p. 467).

(13) *Potentilla stipularis*. Cette espèce, commune dans les Corbières, mérite d'être maintenue. (Voyez la *Note I.*)

(14) *Potentilla grandiflora*. Syn. : *P. alpestris* Hall. fils (*Mus. Helv.* p. 53).

Cimicifuga fœtida (1).

Papaver alpinum *E.*

Cistus maximus helianthemum (2)

— canus *E.*

Ranunculus parnassifolius *E.*

— amplexicaulis *E.*

— Thora *E.*

— pyrenæus *Gouan* (3).

— platanifolius *E.*

— alpestris *E.*

Ajuga alpina *E.*

Sideritis hyssopifolia *E.*

Scutellaria alpina *E.*

Betonica Alopecuros *E.*

Sisymbrium bursifolium.

Cardamine bellidifolia.

Atragene alpina.

Thalictrum alpinum *E.*

Isopyrum thalictroides *P.*

Anemone sulfurea *E.*

— Pulsatilla.

— alpina.

Anemone narcissiflora *E.*

Horminum pyrenaicum *E.*

Bartsia alpina *E.*

Melampyrum pratense *E.*

Tozzia alpina *E.*

Pedicularis comosa.

— incarnata (4).

Geranium phœum.

— aconitifolium.

Malva moschata.

Myagrum saxatile (5)

Brassica cheiranthiflora *P.* (6).

Melissa grandiflora *E.*

Draba aizoides *E.*

— pyrenaica *E.*

— hirta (7).

Lepidium alpinum (8).

Thlaspi montanum.

— alpestre (9).

Iberis resedæfolia *P.* (Note J).

Biscutella intermedia *Gouan* (10).

Dentaria pentaphyllea *E.* (11).

---

(1) *Cimicifuga fœtida.* Cette espèce, de Sihérie, est étrangère à la flore française. Pourret l'a confondue avec l'*Actœa spicata* L. Ce qui nous porte à le croire c'est que cet observateur si sagace ne signale pas cette dernière espèce au Llaurenti, où elle doit être aussi abondante que dans le reste de la chaîne. Cette confusion, au reste, n'a rien de surprenant puisque le *C. fœtida* était autrefois l'*Actœa cimicifuga* L.

(2) *Cistus maximus.* C'est l'*Helianthemum grandiflorum* DC. (*Fl. Fr.* 4, p. 821).

(3) *Ranunculus Gouani* Willd. (*Spec.* 2, 1322).

(4) *Pedicularis incarnata.* Cette espèce n'existe pas dans les Pyrénées. Pourret a pris pour elle le *P. pyrenaica* Gay. (*Ann. Sc. Nat. Ser.* 1, *v.* 26, *p.* 210).

(5) *Myagrum saxatile.* Syn. : *Kernera saxatilis* Rebh. (*Mosl. Handb.* p. 1,142).

(6) *Brassica cheiranthiflora* Pourr. Cette plante doit être rapportée, sans doute, au *B. racemiflora*, Jord. (*Diagn.* 184). qui la signale dans les Pyrénées-Orientales. Dans tous les cas, elle fait partie d'un petit groupe de formes à débrouiller.

(7) *Draba hirta.* Syn. : *D. tomentosa* Wahl. (*Helv.* 123).

(8) *Lepidium alpinum.* Syn. : *Hutchinsia alpina* R. Brown. (*Kew. ed.* 2, *v.* 4, *p.* 82).

(9) *Thlaspi alpestre.* Syn. : *T. virgatum* G. G. (*Prosp. p.* 2 et *Fl. Fr.* 1, *p.* 144).

(10) *Biscutella intermedia* Gouan. Syn. : *B. pirnnatifida* Jord. Ses siliculis sont lisses ou scabres. Elle est commune dans les Corbières où nous l'avons récoltée nous-même. Le *B. ambigua* DC. (*Diss.* 23, *t.* 11, *f.* 1) est aussi la même plante.

(11) *Dentaria pentaphyllea.* Syn. : *D. digitata* Lamk. (*Dict.* 2, *p.* 268).

Cheiranthus alpinus *E.* (1).

Ononis rotundifolia *E.*

Orobus luteus. *E.*

— pyrenaicus *E.* (2).

Astragalus uralensis *E.* (3).

— montanus (4).

— campestris *E.*

Trifolium alpestre *E.*

— spadiceum *E.*

Hypericum nummularium *E.*

Carduus carlinæfolius *A.*

— medius *A.* (5).

Cnicus spinosissimus *A.* (6).

Carlina subacaulis *Pourr.*

Picris pyrenaica *E.* (7).

Sonchus palustris *A.*

— alpinus *A.*

Sonchus Plumieri. *A.*

Leontodon pyrenaicum *E.* (8).

-- antumnale *E.*

Hieracium alpinum (9).

— cymosum *E.*

— lampsanoides (10).

— blattarioides (11).

— paludosum (12).

— conyzæfolium. *Rien de Gouan* (13).

Rhodiola rosea *E.*

Artemisia rupestris *E.* (14).

— glacialis *E.* (15).

Senecio saracenicus *E.*

— incanus *E.* (16).

Cineraria alpina *E.*

— cordifolia *E.* (17).

(1) *Cheiranthus alpinus.* C'est l'*Erysimum pyrenaicum* Jord. (*Diagn.* p. 176).

(2) *Orobus pyrenaicus.* C'est la var. *B. pyrenaicus* de l'*O. tuberosus* G. G. (*Fl. Fr.* 1, p. 487).

(3) *Astragalus uralensis.* Syn. : *Oxytropis Halleri* Bunge. (*Suppl. Alti in Fl. Alt.*).

(4) *Astragalus montanus.* Syn. : *Oxytropis pyrenaica* G. G. (*Fl. Fr.* 1, p. 449).

(5) *Carduus medius.* Cette espèce de Gouan ne vient pas dans les Pyrénées-Orientales, où elle est remplacée par les *C. defloratus* L. (*Spec.* 1152) et *C. carlinæfolius* Lamk.

(6) *Cnicus spinosissimus.* C'est le *Cirsium glabrum* DC. (*Fl. Fr.* 4, p. 463).

(7) *Picris pyrenaica.* C'est le *P. orophila* Timb. (*Bull. Soc. Sc. Phys. et Nat. Toul.* 1, p. 93).

(8) *Leontodon pyrenaicum.* Gouan a réuni sous ce nom deux formes ; l'une à feuilles entières qui est le type, l'autre, qui est le *L. alpinum* Pourr. dont nous avons déjà parlé.

(9) *Hieracium alpinum.* Plante étrangère aux Pyrénées.

(10) *Hieracium lampsanoides.* C'est le *Crepis lampsanoides* Frœl. (*DC. Prodr.* 7, p. 169).

(11) *Hieracium blattarioides.* C'est le *Crepis blattarioides* Vill. (*Dauph.* 3, p. 136).

(12) *Hieracium paludosum.* C'est le *Soyeria paludosa* Godr. (*Fl. Lorr.* 2, p. 62).

(13) *Hieracium conyzæfolium* Pourr. C'est l'*H. amplexicaule* L. (*Spec.* 1120)?

(14) *Artemisia rupestris.* C'est l'*A. Villarsii* G. G. (*Fl. Fr.* 2, p. 130).

(15) *Artemisia glacialis.* C'est l'*A. Mutellina* Vill. (*Dauph.* 3, p. 244, tab 35).

(16) *Senecio incanus.* C'est le *S. leucophyllus* DC. (*Hort. Mons.*, p. 144).

(17) *Cineraria cordifolia.* Ce synonyme est fort difficile à établir sûrement, à moins que le *C. cordifolia* ne soit le *Doronicum Pardalianches*, dont Lamarck a fait postérieurement le *D. cordatum* Lamk.

Cineraria sibirica *E*.

Achillea Clavennæ (1).

— caucalidifolia *Pourr*. (2).

— Ptarmica.

— Millefolium, fl. rubro.

— nana *E*. (2).

Gnaphalium alpinum *A*.

— uniflorum *P*. (3).

Aster alpinus var. minimus.

Chrysanthemum graminifolium.

— alpinum.

Arnica montana *E*.

— scorpioides.

— alpina *E*.

Filago Leontopodium.

Viola montana *E*.

— biflora *E*.

— calcarea *E*.

Antirrhinum alpinum (4).

Empetrum nigrum.

Viscum album.

Scrophularia nodosa *E*.

Salix triandra *A*.

— myrsinites *E*.

— retusa *A*

— herbacea *A*.

— reticulata *A*.

— Lapponum *A*.

— arenaria *A*.

Pinus sylvestris (5).

Satyrium nigrum (6).

Serapias longifolia (7).

Carex atrata.

— digitata.

— limosa *E*. (8).

Polypodium cristatum.

— Dryopteris.

Lycopodium selaginoides *E*.

— inundatum *E*.

— alpinum *A*.

Acrostichum Thelypteris *E*.

Le chemin le plus droit pour revenir à Saint-Paul est celui qu'on a fait, en partie, pour venir à Quérigut ; c'est-à-dire qu'il faut passer par Carcanières, le Bousquet, Roquefort, et

(1) Les *Achillea Clavennæ et nana* n'ont pas encore été retrouvées dans les Pyrénées ; il y a là de sérieuses recherches à entreprendre.

(2) *Achillea caucalidifolia* Pourr. Pourret a nommé cette espèce en 1784 *A. chamœmelifolia*. Lapeyrouse l'a divisée en trois sans conserver le nom donné par Pourret.

(3) *Gnaphalium uniflorum*. Ce nom qui a été donné par Pallas à l'*Antennaria monocephala* s'applique à une plante étrangère à la flore française. Il est donc difficile de savoir qu'elle est l'espèce que Pourret a voulu désigner ainsi

(4) *Antirrhinum alpinum*. C'est le *Linaria alpina* DC. (*Fl. Fr.* 3, p. 520).

(5) *Pinus sylvestris*. Cette espèce a sans doute été confondue par Pourret avec le *P. uncinata* Ram., dont il ne fait pas mention.

(6) *Satyrium nigricans*. Syn. : *Nigritella angustifolia* Rich. (*Orch Ann* p. 19).

(7) *Serapias longifolia*. Nous répéterons que c'est le *S. longipetala* Poll. (*Vers.* 3, p. 30).

(8) *Carex limosa*. Nous n'avons pas vu cette espèce dans les Pyrénées, elle doit peut-être se rapporter à une des nombreuses formes du *C. cæspitosa* L., qui y est commun.

avant d'arriver à ce point, on se retourne à main gauche et l'on
suit la rivière de l'Aiguette, qui vient de *Lapazueil* ; on passe à
Sainte-Colombe , où l'on traverse la rivière, et l'on suit toujours
jusqu'à *Axat* , où cette rivière de l'Aiguette va se joindre à celle
d'Aude avant que d'arriver à Axat ; le chemin par Sainte-
Colombe est mauvais , mais point dangereux ; il n'y a rien de
fort intéressant , excepté du bois fossile , que nous avons remarqué en assez grande quantité , et que nous avons rapporté au
Chêne-blanc, dont il y a eu autrefois des bois considérables (1).

On voit sur le chemin une espèce de *Marrube* , qui tient le
milieu entre le Blanc commun et celui d'Espagne. Nous avons
du regret de ne pas l'avoir retrouvé avec les autres plantes de
notre voyage et de n'avoir pu, par conséquent, le décrire ;
malgré les précautions que l'on prend dans les voyages de montagnes , on est forcé de se livrer et de se reposer sur des gens
mercenaires, qui n'ont aucun intérêt à la chose, et qui négli-
gent de soigner ce qu'on leur confie, parce qu'ils n'en connais-
sent pas le prix ; et il est impossible de faire tout par soi-même,
quand on a peu de temps à soi et beaucoup d'observations à
faire.

Lorsque d'Axat , pour venir à Saint-Paul, on a pris la route
des Corbières, il est avantageux de prendre le grand chemin ,
pour s'en retourner à Narbonne (2). En partant de Saint-Paul ,
on trouve insensiblement un terrain plus fertile et mieux cultivé ;
on passe à Maury et de là dans le terrain de *Latour* et d'Estagel , où on trouve la rivière l'Agly, qui sépare le Roussillon
d'avec le Languedoc. A demi-lieue d'Estagel , on la traverse et

(1) C'est entre le débouché de l'Aiguette dans l'Aude et Axat que l'on traverse
la célèbre gorge de *Saint-Georges*, où pendant plus de deux kilomètres la rivière
coule entre deux murailles à pic de plus de trois cents mètres de hauteur,
surmontées de magnifiques forêts et constituées par le *calcaire carbonifère*.

(2) Cette phrase, pour être compréhensible, exige une rectification ; il faut
remplacer : *Axat* par *Narbonne*, et lire : *Lorsque de Narbonne pour venir à Saint-
Paul on a pris la route des Corbières, il est avantageux de prendre le grand chemin
pour s'en retourner.* C'est Barrèra, sans aucun doute, qui a commis cette erreur,
de même qu'il a sauté l'alinéa qui précède celui-ci, alinéa dans lequel Pourret
indiquait le chemin pour aller d'Axat à Saint-Paul en revenant du Llaurenti. Ce
chemin est fort simple. En aval d'Axat on quitte la vallée de l'Aude pour remonter

on passe sous des rochers fort élevés, au-dessus desquels se trouve un ermitage, qu'on appelle : *Notre-Dame de Pena*, à cause du hameau, situé de l'autre côté du chemin, qu'on appelle *Las casas de Pena*. Sur les rochers et principalement sur ceux qui sont formés en grande partie d'une ardoise noirâtre, on trouve beaucoup de plantes intéressantes dont plusieurs ont déjà été observées. Mais on peut citer particulièrement :

Globularia Alypum.	Stæhelina dubia *E*.
Linum campanulatnm.	Centaurea scabiosa *E*.
Delphinium Ajacis.	— leucantha.
Anthyllis cytisoides.	Tulipa Pumilio (1).

Le long de la rivière, au même endroit, on trouve :

Lagurus cylindricus.	Convolvulus althæoides.

On s'achemine vers *Salces* et on trouve chemin faisant :

Chrysanthenum segetum.	Rhamnus Paliurus.

Lorsqu'on est à Salces, on n'a rien d'intéressant à observer que la forteresse et la fontaine si fameuse dans l'antiquité.

Cette fontaine dont la profondeur est considérable, renferme beaucoup de poissons et surtout d'anguilles, dont on fait la pêche tous les ans, au moyen du *Tithymalus Characias*, qu'on y jette dedans. On s'y rend d'assez loin pour la voir faire, car elle est curieuse, en raison de la facilité qu'on a pour y prendre le poisson en grande quantité. L'eau de cette fontaine paraît aussi salée que celle de la mer, mais elle n'est point

à l'est le petit vallon du ruisseau d'*Alies*, on traverse le hameau de *Duillac* et l'on ne tarde pas à atteindre le petit col de *Magnac* (534 mètres d'altitude), par lequel on pénètre dans la dépression de Saint-Paul que l'on gagne par Caudiès et la vallée de la Boulzanne.

Quant au chemin de Narbonne à Saint-Paul par les Corbières, il n'est praticable aux voitures que dans une partie de son parcours. De Narbonne on passe par Thézan, Saint-Laurent de Cabrerisse, Talairac, Villerouge, Felines, Larroque de Fa, Massac et Soulatges, et on atteint Saint-Paul par le défilé de Saint-Antoine de Galamus.

(1) Cette plante nous est inconnue. T. Gallica, Lois.?

aussi amère ; on y voit surnager beaucoup de plantes aquatiques, divers *Potamogetons* , et plusieurs plantes maritimes, comme le *Ruppia*, le *Lactuca marina*, etc., etc. (1).

Dans les grands jours d'été, on va dans un jour de Narbonne à Saint-Paul.

NOTE A

Rosa versicolor Timb. ; *Rosa villosa* Pourret, *non* L.

Fleurs grandes, réunies 3-4 au sommet des rameaux , d'une couleur rose, plus ou moins foncée, suivant l'époque plus ou moins ancienne de leur épanouissement ; ovaire elliptique, glabre ; styles courts et très-velus ; filets des étamines tous glabres ; pétales obovales obcordés très grands ; sépales profondément pinnatifides et parfois même bipinnatifides , glanduleux ; pédoncules grêles , glabres, non glanduleux ; bractées ovales , cuspidées ; feuilles très-glanduleuses en dessous, glabres en dessus, doublement dentées en dents de scie très-profondes, à lobes obovales, portées sur un pétiole glanduleux ; tiges de taille moyenne, à rameaux diffus, peu chargés d'aiguillons. Fleurit fin mai.

Ce rosier est très-commun de *Saint-Paul* à *Saint-Antoine de Galamus* ; il croît sur le bord des chemins et dans les garrigues , où il produit un très-bel effet.

Il se distingue de toutes les espèces de rosiers publiées ces dernières années, par la couleur des fleurs qui varie avec les progrès de l'anthèse et par la dentition toute spéciale des feuilles, dont les dents et surdents sont très-profondes. J'ai transmis cette plante à *M. Déséglise*, qui , comme moi a été frappé de ces singuliers caractères.

Je lui rapporte comme synonyme le *R. villosa* Pourret ; mais avec un point de doute, car il pourrait peut-être aussi être rapporté au *R. umbellata* Lees , qui dans cette région croît en société avec le *R. versicolor* Timb.

NOTE B.

Cistus canus et **marifolius** Pourret.

Ces deux plantes font aujourd'hui partie du genre *Helianthemum* ,

(1) De Salces on gagne Narbonne par la Nouvelle.

et rentrent dans la section des *Pseudo-cistus* Dunal (*DC. Prodr.*). Ce petit groupe est représenté dans la flore Française par trois espèces ou plutôt par trois groupes de formes, qui ont exercé et exercent encore la sagacité des botanistes. Pour les uns, ces formes sont des espèces ou des variétés à caractères variables; pour les autres, ce ne sont que de simples types locaux dus aux influences physiques et chimiques particulières à la région qu'ils habitent, et qui feraient varier à l'infini les caractères spécifiques, regardés par les premiers comme fixes. Pour notre part, nous partageons les idées de Dunal à ce sujet, nous croyons qu'il y a plus d'espèces fixes que les auteurs n'en ont adoptées, et nous sommes persuadés qu'il y a aussi parmi elles des variétés dont il est facile de reconnaître les caractères variables.

Les botanistes du Midi et Pourret le premier, se sont généralement trompés, quand ils ont indiqué l'*H. canum* L. dans les Corbières et la région des oliviers; cette plante leur est étrangère, ainsi que l'ont démontré MM. Grenier et Godron *(Fl. fr. 1, p. 171)*; l'*H. mari-folium*, propre à la région méditerranéenne et la Provence, ne vient pas non plus dans les Corbières. Ces deux plantes y sont remplacées ou représentées, comme l'on voudra, par plusieurs autres espèces, différemment nommées par les botanistes, ce qui a rendu leur synonymie fort obscure, et leur détermination difficile. C'est cette question que nous allons essayer d'élucider.

Nous pensons que le *C. canus* L. comprend plusieurs espèces affines, mais que ce nom doit plus particulièrement rester la part d'une plante commune dans plusieurs localités françaises, en dehors de la région des oliviers, dans laquelle elle ne pénètre pas. Pour ne citer que les localités où nous avons récolté cette espèce et celles dont on nous a envoyé des échantillons authentiques, nous indiquerons : Rochers de calcaire jurassique de *Vergisson*, près *Macon* (Lacroix); *Haute-Marne* (Des Etangs) ; la *Dôle*, le mont *Dore*, etc., etc. C'est cette plante qui a été nommée *Helianthemum vineale*, par Persoon *(Syn. 2, p. 77)*.

L'*Helianthemum canum* Dunal *(Prodr. 1, p. 277)*, est une toute autre plante, qui malgré son affinité avec la précédente, peut, néanmoins, en être distinguée facilement. Elle est commune avec les caractères donnés par Dunal, dans les Corbières et sur le versant méridional de la *Montagne-Noire*. Dans la région alpine inférieure des Pyrénées, l'*H. canum* Dun. prend un port et des caractères singuliers, et devient alors l'*H. piloselloides* Lap.

En outre de ces deux espèces, que les auteurs réunissent à l'*H. canum*, nous citerons aussi deux autres hélianthèmes, qui lui sont subordonnés; le *H. serpyllifolium* Pourr. *(Cistogr. inéd.). non* Mill.

et le *Cistus hispidus* Lap. *(Abr. 302)*, qui abondent dans les Corbières.

L'*H. serpyllifolium* Pourret, se distingue de l'*H. canum* Dun. par ses tiges très-nombreuses, égales, dénudées à la base et couchées sur le sol; ses feuilles tomenteuses sur les deux faces, les supérieures lancéolées obtuses, les inférieures ovales atténuées au sommet; les fleurs petites, d'un jaune vif, ainsi que les étamines. Je lui donnerai le nom d'*H. Pourretii* Nobis. Elle peut servir de transition entre l'*H. canum* Dun. et la suivante.

Celle-ci, *C. hispidus* Pourr. *C. hirsutus* Lap. prend souvent un grand développement et offre dans les mêmes localités deux formes. La première, très-grande, pousse un grand nombre de tiges stériles et fructifères; les tiges fructifères qui sont dressées, ascendantes, portent deux sortes de feuilles; les unes, celles de la base, elliptiques, obtuses au sommet et courtement pétiolées; les autres, celles du sommet, opposées, arrondies et quelquefois même tronquées au sommet; toutes blanchâtres sur les deux faces et hispides aux bords. Les fleurs sont grandes et d'un jaune très-pâle, avec les étamines plus foncées. Les tiges stériles ont des feuilles grandes et elliptiques, de l'aisselle desquelles poussent les tiges florifères l'année suivante. La seconde, au contraire, n'a que des tiges florifères; les feuilles sont très-rapprochées, pétiolées, arrondies, blanches-tomenteuses sur les deux faces. Les tiges sont moins décombantes. Le pédicelle est grèle et tomenteux-hispide et les fleurs d'un jaune pâle.

Cette espèce représente aussi le *C. marifolius* Pourr., *non* L. Elle est commune non-seulement dans les Corbières, mais surtout sur le versant méridional de la Montagne-Noire, à *Conques*, et ailleurs. Autrefois avant d'avoir fait une étude suivie des *Cistinées* du Midi, nous avons distribué cette plante sous le nom d'*H. Bailleti*; M. Baillet, notre ami, l'avait découverte et étudiée.

Dans un travail de Cistographie, que nous espérons publier un jour, nous insisterons plus longuement sur ces espèces intéressantes que Pourret a réunies dans son *Chloris Narbonensis*, après les avoir distinguées dans son travail général sur les *Cistes*.

Note C.

Hieracium murorum et silvaticum.

Ce serait perdre, je crois, un temps précieux que de vouloir rechercher à quelles espèces Gouan a donné le nom de *H. silvaticum* et Lanné, celui de *H. murorum*, car il est certain , comme on l'admet généralement aujourd'hui, que ces espèces sont tellement complexes, qu'elles représentent plutôt de véritables sections que des types spécifiques propres. Mais il nous sera plus facile de savoir à quelles plantes Pourret a appliqué ces noms, car nous les avons récoltées dans les mêmes localités que lui ; et notre détermination aura d'autant plus de chances d'exactitude, que les ayant cultivées comparativement avec des espèces voisines, nous avons pu apprécier plus sûrement leur valeur spécifique. Ce sont deux espèces nettement distinctes ; l'une, nouvelle pour la science, l'autre déjà dénommée par M. Jordan.

La première , *H. murorum* Pourret, à laquelle nous donnerons le nom d'**H. Pourretianum** Nob. , présente les caractères suivants :

Calathides 4-8 en panicule corymbiforme portés sur de courts pédoncules tomenteux-glanduleux ; écailles du péricline lancéolées, membraneuses aux bords, couvertes de deux sortes de poils : les uns, simples, deux fois aussi longs que l'écaille ; les autres, glanduleux l'égalant à peine ; corolle non ciliée ; styles jaune-verdâtres. Feuilles très-grandes, les radicales de deux sortes ; les extérieures, arrondies au sommet, entières ou à peine dentées à la base, rougeâtres en dessous ; les intérieures, vers le centre de la rosette , elliptiques, aiguës, mucronées, avec de grosses dents à la base ; pétioles allongés, couverts ainsi que les nervures de longs poils crépus. Tiges 2-3 décimètres, grosse , hérissée, munie d'une feuille lancéolée et brièvement pétiolée vers son milieu, et de plusieurs autres linéaires, hérissées , comme ciliés, sous les pédoncules. Souche forte , émettant plusieurs tiges, formant une grosse touffe.

Cette espèce abonde à *Saint-Antoine de Galamus*, dans le bois immédiatement après la porte de fer de l'ermitage. Je ne l'ai vue ni a *Cascastel*, ni à *Durban*, ni à *Fontfroide*, où l'on trouve l'*H. cinerascens* Jordan.

La seconde , *H. silvaticum* Pourret , se rapporte à l'*H. acuminatum* Jor., dont elle ne diffère que par ses tiges d'un rouge purpurin, ses feuilles un peu glaucescentes et à limbe oblique, un peu inégalement tordu. Sous l'influence de la culture, la couleur de la tige disparaît ; mais les autres caractères persistent. Malgré cette différence peu importante due probablement à l'habitat de notre plante, nous croyons devoir la réunir à l'*H. acuminatum* Jord., avec lequel nous l'avons comparé sur des échantillons provenant de M. Jordan lui-même.

Cette espèce est très-commune à *Saint-Paul* et à *Fontfroide*, dans les bois de chênes verts et de *Cistes*.

Note D.

Crepis polymorpha Pourr.

Sous ce nom , Pourret a réuni plusieurs espèces ou variétés , telles que les *Barkausia intybacea* DC. (*Cat. Monsp.* 82); *B. recognita* DC. (*Prodr. 7, p. 154.*) et *B. hyemalis* Bir. , qu'il regardait comme de simples variations dues aux influences physiques et chimiques de leur habitat.

Divers botanistes français, MM. de Candolle, Mutel, Grenier et Godron , n'ont pas sanctionné cette manière de voir. Pour eux , et nous partageons ces idées, le *C.-polymorpha* Pourr. représente deux espèces : l'une, le *B. recognita* DC; l'autre , le *B. hyemalis* Bir (*B. taraxacifolia* Thuil.), auquel on réunit à bon droit le *B. intybacea*, DC et le *B. præcox* Balb.

Il ne faut pas confondre le C. *polymorpha* Pourr. avec le *C. polymorpha* Wallr. (*Sched. 426*). Car ce dernier comprend tout le groupe du *C. virens* Vill., dans lequel sont compris, outre le type, les *C. stricta* DC. (*Fl. fr.* 5, *p.* 447), *C. diffusa* DC (*Ca'. monsp.* 48), et même d'après MM. Grenier et Godron , le *C. cernua* Ten.

Faut-il , à l'exemple des auteurs qui ont réuni ces espèces en une seule, ne voir là que des formes sans valeur spécifique? Je ne le pense pas, et je préfère les distinguer, soit à titre de types locaux , soit à titre de variétés stables ; plus tard , des essais de culture prolongée permettront de trancher cette question.

Note E.

Hieracium candidissimum et pilosissimum.

En mai 1871 , nous avons observé à *Saint-Antoine de Galamus* un *Hieracium*, non encore fleuri , dont les feuilles radicales étaient entièrement couvertes de poils, assez longs pour rendre leur limbe soyeux, brillant et d'une couleur blanche. Cette plante nous a paru répondre très-bien à l'épithète de *candidissimum*, donné par Pourret à une des espèces de cette région. Plus tard , en 1873 , nous avons pu récolter à *Durban* et à *Cascastel* des échantillons fleuris de la même plante, et

alors nous avons pu reconnaître qu'elle se rapportait à l'*H. vestitum*
G. G. (*Fl. Fr.* 2, p. 369).

Nous n'avons pas été aussi heureux pour l'*H. pilosissimum ;* car,
malgré toutes nos recherches, il nous a été impossible de le rapporter
à aucune des espèces que nous connaissons, ni de faire cadrer sa diagnose avec aucune de celles données par les auteurs que nous avons
pu consulter. Il faut donc la considérer comme de bon aloi. En voici
la description :

H. pilosissimum Pourr. *(Mém. Acad. Toul. Sér.* 1, *vol. 3,
p. 330)*.

Caule unifloro, foliis ovatis, pilosis, pilis densè candidis. —
4. Pourr.

Calathides 1-2, portées sur des pédoncules hérissés glanduleux.
Péricline ovoïde, hérissé de poils glanduleux inégaux, plus longs que
l'écaille; celles-ci lancéolées aiguës, lâches, dépassant les aigrettes.
Corolle à dents profondes et glabres. Style jaune comme la corolle...
Feuilles inférieures elliptiques, acuminées, à dents peu prononcées,
d'un blanc verdâtre sur les deux faces, hérissées en dessus et sur les
nervures de longs poils très-blancs; limbe un peu tordu au sommet,
mucroné ; pétioles très-hérissés plus longs que le limbe. Feuilles
supérieures elliptiques et sessiles. Tige 2-3 décimètres, pauciflore
hérissée. Souche vivace, très-hérissée, laineuse.

Trouvée en fleur, le 22 mars 1872, au pont de la *Fou* et à *Saint-
Antoine de Galamus.*

Cette plante appartient au groupe de la section *Pulmonarea* et se
rapproche de l'*H. cinerascens*, Jord. Ce dernier s'en distingue par ses
tiges plus grosses et fistuleuses ; ses fleurs en panicules très-fournies ;
ses feuilles à limbe plus court et plus arrondi, à pointe non tordue;
son péricline plus étroit, moins globuleux, à écailles égalant seulement les aigrettes et plus appliquées ; ses corolles moins profondément
dentées; ses achaines plus gros ; enfin, par son port et son faciès
particulier.

Les échantillons provenant du pont de la *Fou* étaient moins hérissés que ceux recueillis à *Saint-Antoine ,* ce qui provient de leur situation sur des rochers humides. Des graines récoltées sur ces échantillons et semées dans notre jardin, à une exposition chaude et sèche,
ont donné naissance à des individus en tout semblables à ceux de
Saint-Antoine.

L'*H. pilosissimum* Pourret, a aussi quelques rapports avec l'*H.
lasiophyllum* Koch *(Syn. éd.* 2, *p. 522),* très-commun également
dans les Corbières. Mais ce dernier s'en distingue à première vue par
ses tiges nues; ses fleurs nombreuses, disposées en corymbe étalé et

portées sur des pédoncules courts; ses feuilles de forme différente et portées sur des pétioles plus courts que le limbe et très dentées à la base, etc., etc.

Note F.

Chrysanthemum canescens Pourr. Leucanthenum pallens, B. canescens Nob.

Ce n'est pas le moment de discuter si les *Leucanthemum pallens* DC. et *montanum* DC., doivent être réunis ou séparés; notre but est seulement d'établir ici que ces deux plantes présentent une variété velue-hérissée, très connue dans certaines localités méridionales, trés exposées à l'ardeur du soleil, dont Pourret a fait son *C. canescens*. Le *L. montanum* DC., n'a pas été trouvé par nous dans les Corbières, tandis que le *L. pallens* DC. y abonde; nous croyons devoir rapporter la plante de Pourret à ce dernier. Dans les Cevennes, à *Saint-Guilhem*, les deux espèces croissent simultanément, tandis que, au pic *Saint-Loup*, on ne trouve que la première.

A cette occasion, nous ajouterons qu'à Nîmes, dans les Corbières et sur le versant méridional de la Montagne-Noire, on trouve un autre *Leucanthemum* voisin du *L. montanum* DC., mais qui en diffère par le bas des tiges épaissis en une sorte de rhizome suffruticuleux pérennant, par les rameau un peu diffus étalés et subligneux, et par ses feuilles obovales munies au sommet de dents dressées ou parfois sinuées dentées. Cette espèce est glabre ou légèrement hispide ordinairement; mais M. Lombard Dumas l'a aussi rencontrée velue et hérissée, comme cela arrive aux deux autres espèces dont nous venons de parler. Ce sont là des variations parallèles intéressantes, qu'il faut considérer comme de simples variétés (*L. suffruticulosum* Nob.).

Note G.

Sedum Telephium, purpureum et Anacampseros.

Ces trois *Sedum* appartiennent à un groupe particulier, qui a été élevé au rang de genre par plusieurs botanistes modernes, tant les caractères qui lui sont propres sont tranchés. Les anciens ont connu certaines espèces qui le composent et les ont figurées notamment

Clusius (*Hist. 2, p. 66. 67*), Fuchs (*Hist. 800-801*), Lob (*Ad. tab. 390, fig. 1*) et (*Obs. 21, fig. 2*). Quand Linné voulut classer ces plantes dans son *Species*, à défaut d'échantillons bien desséchés, ce qui est presque impossible, et aussi de sujets vivants, qui paraissent lui avoir manqué, il dut avoir recours aux figures citées ci-dessus, ainsi que les citations le prouvent. Mais fidèle à sa méthode de réduction, il les rangea sous deux espèces, *S. Anacampseros* et *S. Telephium*, et adjoignit à ce dernier quatre variétés auxquelles il donna les synonymes des Bauhin et de Clusius. Pourret, qui herborisait avec le *Species* de Linné, adopta les idées du célèbre naturaliste Suédois.

Les botanistes modernes n'ont pas admis cette manière de voir, et ils ont séparé du *S. Telephium* les variétés 4 et 5, pour en faire le *S. maximum* Sut. Mais M. Jordan poussant les choses plus loin, a soutenu que cette espèce représentait plutôt un groupe de formes bien distinctes, qu'il a élevées au rang d'espèces, et il a donné de remarquables figures de plusieurs d'entre elles. Nos propres recherches nous ont amenés à partager cette opinion, et nous sommes convaincus que les Pyrénées renferment beaucoup de plantes de ce groupe qui, mieux étudiées, constitueront de bonnes espèces.

Cela posé, voyons en nous aidant des figures citées plus haut, et aussi de nos propres récoltes dans la région parcourue par Pourret, à quelles espèces modernes appartiennent les types Pourretiens.

La forme à laquelle Pourret a donné le nom de *S. Telephium* L., nous est connue, elle doit constituer certainement une espèce nouvelle.

En voici la description :

A. cærulescens Nob.

Fleurs moyennement grandes, en corymbe très-large, plan, étalé ; rameaux du centre campactes, ceux de la circonférence placés à l'aisselle des feuilles. Boutons ovoïdes rosés. Pétales ovales-lancéolés, acuminés, un peu creusés en dessus, blanc-jaunâtres en dedans, rosés en dehors. Etamines d'un blanc-jaunâtre insérées à la base des pétales ; anthères d'un pourpre vif au moment de l'anthèse. Ovaire glabre, d'un blanc-jaunâtre ; stigmate rose. Feuilles très-grasses et raides, ovales, opposées et à mérithalle alterne, sessiles en cœur à la base, munies de dents obtuses très-saillantes ; les supérieures diminuant graduellement de grandeur jusqu'au corymbe, moins dentées, mais de même forme ; toutes sont d'une couleur bleu de plomb rougeâtre, parfois d'un jaune-rougeâtre sur la nervure médiane. Tiges, 4-6 décimètres, de la grosseur du petit doigt, d'une couleur d'un rouge foncé des deux côtés, dressées. Jeunes pousses obovales à feuilles dentées d'un bleu cendré. Pousse : avril ; fleurit : juillet.

Cette plante est d'un aspect magnifique, et pourrait parfaitement servir à l'ornementation des jardins. Nous la cultivons avec succès.

Elle a été trouvée en abondance aux bains de *Carcanières* (Aude), par MM. E. Filhol et Melliès.

Le *S. purpureum* de Pourret, nous paraît être la plante que nous avons décrite sous le nom de *S. Thevenei* Timb.

Quant au *S. Anacampseros*, d'après la figure de Clusius (*Telephium*, VI.), copiée par Lobel (*Obs. 212*, *fig. 2*), ce ne peut être que le *S. Brunsfeldii* Boreau.

NOTE H.

Hieracium villosum et cerinthoides.

Il est très-difficile d'établir la synonymie exacte de l'*H. villosum* Pourr., parce que tous les auteurs de son époque ont donné ce nom à des plantes différentes. Nous nous bornerons, pour exemple, et pour ne pas étendre outre mesure ce travail, à citer Lapeyrouse, qui rapporte à son *H. villosum* la figure de Jacquin (*Austr.* 87), laquelle représente le véritable *H. cerinthoides* de Linné.

D'un autre côté, Lapeyrouse, Pourret et d'autres encore, appellent *H. cerinthoides* la plante figurée par Gouan (*Illustr. tab. 22*, *fig. 4*), cette plante est pour nous une espèce bien distincte que nous avons proposé de nommer *H. Gouani*.

Fries avait donné à cette dernière espèce le nom d'*H. neocerinthe* (*Syn.*, *p. 67 : Epicr.*, *fol.* 54), et MM. Grenier et Godron (*Fl. fr. 2*, *p.* 362), réunissent les *H. neocerinthe*, *rhomboïdale* et *elongatum* de Lapeyrouse. Nous ne saurions adopter cette manière de voir ; car, pour nous, ces trois plantes sont trois types bien tranchés, très-repandus dans les Pyrénées, où ils ont des variétés et forment des hybrides. Leur étude sera l'objet d'un travail spécial, que nous nous proposons de publier bientôt.

NOTE I.

Potentilla stipularis Pourret.

Dans le quatrième volume du Bulletin de la Société d'histoire naturelle de Toulouse, en parlant du groupe de *Potentilles*, que MM. Jordan et Fourreau ont élevé au rang de genre, sous le nom de *Dynami-*

dium, nous faisions remarquer qu'on trouvait dans les environs de Toulouse et dans les Pyrénées plusieurs de ces espèces, et notamment deux intéressantes : l'une, à laquelle nous avons donné le nom de *D. montivagum* ou *Pol. montivaga*, selon qu'on adopte ou qu'on rejette le nouveau genre ; et l'autre, à laquelle nous avons donné celui de *D. stipulaceum*. Cette dernière est caractérisée par ses fleurs, grandes, d'un jaune foncé, à pétales se recouvrant par les bords ; par ses feuilles inférieures à cinq folioles tronqués à lobes elliptiques obtus ; les supérieures à pétioles très-courts ; par ses stipules très-grandes, larges, aussi longues que les feuilles ; par ses tiges d'un vert jaunâtre, assez grosses, glabescentes ou pubescentes, peu feuillées et à mérithalles très-allongés ; enfin par ses racines s'enfonçant peu dans le sol.

Il est très-probable que Pourret a eu en vue la même plante et que frappé, comme nous, par le caractère saillant tiré de la grandeur des stipules, il lui a donné le même nom. Nous sommes heureux de restituer à ce botaniste si modeste, l'espèce que nous avions dénommée avant d'avoir pu connaître son travail.

Elle abonde dans les Pyrénées centrales à *Superbagnères*, au lac d'*Espingo*, au col de *Montjoyo*, etc., etc. Nous l'avons aussi récoltée à *Montlouis*, dans la vallée d'Eyne, et notre ami, M. Gautier l'a retrouvée au pic de *Cambredaze*.

Note J.

Iberis resedæfolia Pourret; I. *amara* γ *foliis lyratis* Lap. (*Abr. pl. Pyr.*, *p. 369, fig. 1*).

Fleurs disposées en grappe, qui d'abord courte et serrée s'allonge beaucoup pendant l'anthèse et d'elliptique ou conique, devient très-longue à la maturité. Pédoncules très-espacés, étalés, un peu épaissis à la base et au sommet. Sépales elliptiques, obtus au sommet, d'un vert foncé sur le dos, plus pâles aux bords, lâches. Pétales obovales, contractés à la base en un onglet très-court, un peu échancrés au sommet, d'un rose pâle, passant au purpurin après l'anthèse. Silicules ovales, orbiculaires convexes, un peu rétrécies au sommet ; ailes des valves égalant leur largeur, se continuant très-distinctement sur les côtés jusqu'à la base ; lobes de l'échancrure aigus dressés, formant un angle très-ouvert et égalant le tiers de la longueur de la silicule. Style long de 2 millimètres, épaissi au sommet et dépassant de beaucoup les lobes de la silicule. Feuilles d'un vert jaunâtre, planes, un peu épaissies , non calleuses au sommet; dressées ou étalées ; les inférieures pinnatifides à lobes très-gros , obtus au sommet; les supérieures elliptiques, obtuses au sommet, entières ou munies de une ou deux dents inégales , atténuées à la base, sessiles , hispides. Tige solitaire, dressée, sillonnée, anguleuse, pubescente, rameuse au sommet; rameaux assez longs, simples, étalés, disposés en corymbe allongé. Plante annuelle de 2-4 décimètres.

Elle habite les Corbières et les Pyrénées-Orientales, où nous l'avons récoltée aux environs de *Montlouis*, pendant la session extraordinaire de la Société Botanique de France , en 1872.

Cette plante aurait quelque ressemblance par ses fleurs en grappe très-allongée, avec le *Lepidium campestre* R. Br., dont elle a le port et le faciès; mais ses grandes feuilles sinuées-pinnatifides , ainsi que tous ses autres caractères , permettent de l'en distinguer aisément. Elle s'éloigne aussi de l'I *ceratophylla* Reuter, que nous avons récolté en compagnie de l'auteur et de notre ami M. Grenier, aux *Rochers de Noiraigue* (Jura), en allant au *Creux du Vent*; celle-ci s'en sépare, en effet, par la forme différente des feuilles; par leur disposition tout autre; par ses pédicelles plus courts et plus grêles; par ses silicules plus petites à échancrure moins grande et plus aiguë ; par ses ailes, ne se prolongeant pas jusqu'à la base; par ses fleurs et ses fruits disposés en grappe bien plus courte; par sa taille plus petite.

Enfin, les caractères qui séparent l'I. *resedæfolia* Pourr. des autres espèces affines du groupe de l'I. *amara* L., sont trop tranchés pour que nous ayons à insister plus longuement sur ce sujet, et la forme allongé et conique de sa grappe la distingue suffisamment de toutes les espèces affines connues de ce groupe qui a pour type l'*Iberis amara* Linné.

III

PROJET D'UNE HISTOIRE GÉNÉRALE

DE LA FAMILLE DES CISTES (1)

PAR L'ABBÉ POURRET.

1783

Dans le noble anthousiasme qui s'est emparé de la plupart des botanistes pour travailler à la recherehe d'une méthode naturelle, on semble négliger précisément le seul moyen qu'il y aurait d'y parvenir, si toutefois il était donné à l'intelligence humaine de saisir d'un bout à l'autre le fil non interrompu de la nature. Comment, en effet, pourra-t-on, dans la série générale de l'immensité des végétaux qui couvrent et embellissent la surface de notre globe, assigner une place invariable à chaque espèce, si l'on ne commence par se fixer sur l'identité de chaque espèe en particulier? Comment pourra-t-on espérer d'y parvenir tant qu'il nous restera des découvertes à faire? Ah! quand viendra ce jour ou l'homme pourra dire : j'ai tout vu, il ne sagit que de rassembler?

Ne cherchons pas à nous faire illusion et à nous dissimuler

(1) Ce travail a été lu dans la séance du 8 mai 1783 à l'Académie des sciences, inscriptions et belles-lettres de Toulouee, 'et sur les conclusions conformes de Lapeyrouse, nommé rapporteur, *il fut décidé que l'Académie ne pouvait faire aucun usage de ce Projet dans ses volumes* (Textuel). Et chose singulière, ce jugement, d'une sévérité draconienne, ne fut rendu que le *1er avril 1785*, soit deux ans après la lecture du manuscrit. A cette époque Pourret avait quitté Toulouse pour suivre à Paris le cardinal de Brienne, et malgré soi on se laisse entraîner à supposer que Lapeyrouse, dont la jalousie sourde ne saurait être mise en doute, n'ait profité de ce départ pour ensevelir à jamais ce travail dans les archives de l'Academie.

au moins une partie des obstacles qui s'opposent toujours au succès d'une si vaste entreprise ; sans parler de l'impossibilité physique de former un pareil recueil En ouvrant les anciens auteurs qui, les premiers, nous ont transmis les noms et les descriptions de certaines plantes , nous nous trouvons souvent arrêtés et nous sommes forcés d'avouer que nous ne connaissons point les analogues dont ils ont voulu parler. Serait-ce faute d'instruction de leur part qu'ils nous auraient ainsi jetés dans l'erreur ? Mais ne serait-ce pas aussi présomption de la nôtre , d'imaginer qu'il n'y a que nous qui puissions bien voir, bien décrire? On n'a qu'à jeter les yeux sur les empreintes de certaines plantes que l'on remarque dans la collection des ardoises du célèbre M. Séguier de Nîmes , et si l'on ne veut pas convenir que les analogues qu'elles représentent n'existent plus , du moins sera-t-on forcé d'avouer que les espèces sont perdues pour nous.

D'un autre côté, il est reçu qu'il se forme, de temps en temps, de nouvelles espèces ; M. Linné en a donné une liste assez nombreuse dans la dissertation sur les plantes hybrides (1); or, s'il est vrai que deux espèces différentes puissent donner l'être à une troisième, qui sans être aucune des deux , tienne cependant de l'une et de l'autre, et forme entre elles deux une espèce intermédiaire , qui se reproduit toujours constamment et de la même manière, il me semble qu'il n'en faut pas davantage pour nous faire renoncer à l'espoir de parvenir à la découverte de cette fameuse méthode qui est, j'ose le dire , presque aussi chimérique que la quadrature du cercle.

Bornons-nous donc à faire de simples rapprochements sans nous occuper, tout à la fois, de l'immensité de l'ensemble et de celle des détails. La nature qui, pour l'ordinaire, a une marche suivie et insensible , fait quelquefois des écarts qui viendront, tôt ou tard, renverser l'économie de nos systèmes. Rassemblons dans une même famille les plantes qui se ressembleront par le plus grand nombre de caractères ; et persuadés que

______

(1) Les plantes hybrides de Linné ne sont en général que des monstruosités et non pas des hybrides (Timbal).

les genres et les noms arbitraires, dont nous nous servons pour les désigner, sont toujours l'ouvrage de l'homme et point celui de la nature, ne nous embarrassons point des trop fortes nuances qui pourront séparer les genres, pourvu qu'elles nous facilitent les moyens de les reconnaître sans embarras. Fixons les lignes de démarcation qui les séparent les uns des autres; occupons-nous à les simplifier, même à les étendre, pour rendre les espèces plus aisées à être saisies ; décrivons les espèces avec la plus grande précision; débrouillons le cahos affreux de la synonymie des anciens; et si, malgré que nous ne l'espérions pas, on parvenait un jour à former ce tableau de la nature que l'on désire, notre travail n'aura pas été infructueux puisqu'il aura toujours servi, au moins, à faire reconnaître invariable·ment les espèces que nous avons décrites.

Attaché par goût naturel à l'étude de l'histoire naturelle, j'avais commencé à étudier la botanique dès ma plus tendre enfance. L'habitude de voir des plantes m'avait donné la facilité pour les reconnaître et en causer; la connaissance de la plupart des espèces du pays que j'habite, me fournit de bonne heure les moyens de correspondre avec divers savants de premier ordre qui, m'honorant d'une bienveillance particulière et d'une prévention flatteuse, que je ne méritais pas et que je devais à leurs bontés, m'engagèrent à bien observer les plantes de notre *Gaule Narbonnaise*, pour en donner dans la suite une histoire qui fut plus vraie, mieux soignée et plus étendue que les *Botanicon* et les *Flora*, connus sous le titre de Montpellier. La jeunesse est ardente; je formai dès lors le projet d'étudier assidûment les plantes de ma province, dont j'espère être un jour à portée à écrire l'histoire complète. Après avoir parcouru tous les environs de Narbonne, nos montagnes des *Corbières*, une partie des *Pyrénées*, le diocèse de *Saint-Pons* ; je fus à Montpellier pour y faire des études en médecine et y suivre mon penchant pour la botanique; mais j'y trouvai si peu de ressources pour mes goûts, que j'eus du regret du temps que j'y perdais. Je continuai mes courses ; je voyageai dans les *Cevennes*, avec le savant abbé de *Sauvages*, je vins à *Nîmes*, auprès du respectable *M. Séguier*, auprès duquel je trouvai tous les moyens de

m'instruire. Ce fut chez lui que je reçus de M. Linné l'invitation
de travailler à la refonte de certaines familles dont les espèces
sont nombreuses dans notre Gaule. Parmi celles qui me furent
proposées , je trouvai celle des *Cistes,* dont j'avais déjà plusieurs
espèces intéressantes , et dont l'herbier de M. Séguier me pré-
sentait une suite assez considérable pour me faire sentir de
quelle importance pouvait être un travail suivi sur cette famille.
Ce fut alors qu'obligé de revenir au sein de ma famille , je me
vis engagé à renoncer presque complètement à l'étude de cette
aimable science, qui me procure l'avantage de vous entretenir
aujourd'hui , et de m'occuper sérieusement pendant trois ans
d'études bien disparates.

Les premiers goûts sont ceux auxquels ont ne renonce que
difficilement ; aussi suis-je revenu à la botanique ; j'ai pu m'y
livrer par intervalle , sans nuire aux devoirs de mon état. En
lisant les botanistes , j'ai considéré les erreurs qui se trouvaient
répandues dans leurs ouvrages , j'ai communiqué dans le temps
aux divers savants, avec lesquels j'avais l'honneur de me trouver en commerce littéraire , mes réflexions sur la manière de
voir et de travailler en botanique , et lorsque je ne songeais
qu'à faire des vœux pour que quelque main habile se chargeàt
en ce genre d'un travail bien pénible , bien désagréable , mais
absolument nécessaire , je n'imaginais pas assurément qu'une
partie de la besogne retombàt sur moi ; on m'a rappelé d'anciens engagements et je me suis hasardé à en contracter de
nouveaux.

Persuadé que les figures ne sont que trop souvent insuffisan-
tes pour reconnaitre les espèces, j'ai prié chacun de mes correspondants de me fournir toutes les espèces qui ne viennent
pas chez nous. J'ai été plus loin ; j'ai sollicité auprès des auteurs vivants, la faveur d'avoir, en original , les espèces qu'ils
ont le mieux décrites, et j'ai engagé ceux qui étaient à portée
de consulter les anciens herbiers, de me donner des renseignements sur les espèces dont j'ai à parler Successivement j'ai vu
grossir de tous côtés ma collection de *Cistes* , et le nombre d'espèces nouvelles, ou confuses, s'accroître avec mes acquisitions ,
j'ai senti redoubler mon zèle ; mais quelques efforts que je fasse

au milieu de ces secours , je me trouve arrêté de toutes parts ; le défaut de livres nécessaires pour la comparaison est un obstacle insurmontable en province.

Néanmoins je vois que tout est à refaire ; à l'exception des espèces communes, les *Cistes* sont tout à fait inconnus. A l'exemple de *M. Linné* qui, dans son *Species plantarum*, a réuni sous la même dénomination quelquefois deux espèces bien distinctes et plus souvent a pris pour espèces réelles de simples variétés , on m'a envoyé les mêmes plantes sous différents noms , et je conserve dans mon herbier les marques de toutes ces méprises pour m'encourager encore davantage à trouver les moyens de les faire finir en continuant mes recherches pour compléter la suite de cette famille, en m'occupant à collectionner sur les livres et les herbiers toutes les espèces de ce genre, et en les décrivant le plus scrupuleusement possible.

Ce n'a été qu'à force de voir et de comparer un très-grand nombre de variétés de la même espèce, provenue dans des sols et des climats différents , que je suis parvenu à distinguer la plupart des *Cistes* et à ne pas m'arrêter, comme bien d'autres, dans la composition des espèces à un peu plus ou un peu moins de grandeur de la plante, au plus ou moins de blancheur dans les feuilles, à des calices plus ou moins velus, à une corolle plus ou moins grande, plus ou moins colorée, etc. Il m'en reste encore beaucoup sur lesquelles je n'ai pu prendre aucune détermination précise, parce que je ne veux rien hasarder avant que je n'aie bien vu. Il me reste bien des renseignements à prendre sur l'herbier de *Tournefort* et ce ne sera que par cette comparaison que je pourrai décider une partie de mes doutes.

Le désir que j'ai d'accélérer mon travail et de lui donner le degré de perfection dont il est susceptible va m'amener incessamment à Paris, et si l'Académie de Toulouse daigne approuver mon projet, je pourrais , sous ses auspices, y travailler avec plus de zèle à le remplir. En attendant, qu'elle me permette de lui tracer ici tout ce que j'ai écrit sur cette matière, encore même mes matériaux ne sont-ils pas dans un ordre suivi.

Malgré que j'aie déjà de cette famille la collection la plus étendue qui existe dans aucun herbier connu, je suis bien loin d'en avoir une complète. L'Espagne, le Portugal, qui m'ont fourni tant d'espèces inconnues, doivent m'en fournir encore bien d'autres. Je me propose, lorsque je les aurai toutes rassemblées, de suivre l'ordre des rapports que chaque espèce peut avoir avec celle qui la précède et celle qui doit suivre et de former autant qu'il sera possible le tableau des nuances qui les séparent individuellement les unes des autres.

Je donnerai un détail suivi de tout ce que les anciens ont écrit et pensé sur les *Cistes;* je débrouillerai le cahos de l'erreur ou sont tombés plusieurs auteurs par rapport aux espèces désignées sous les noms de *Cistes* et de *Ledon*, par Théophraste, Dioscoride, Pline, etc. Je rapporterai tout ce que ceux-ci et les modernes ont écrit sur leurs usages et leurs vertus ; j'y joindrai des observations physico-botaniques sur le mouvement sensible, ou d'irritation, des étamines de plusieurs espèces de ce genre, que je n'ai encore observé que dans quelques-unes de celles que je range sous les hélianthèmes ; observations curieuses que je me propose de suivre.

Je diviserai cette famille en *Cistes* proprement dits et en *Hélianthèmes*, et je caractériserai chacun de ces genres de la manière suivante :

Cistus. Clus. *Ciste*.

Le *Ciste* est un genre de plantes qui a les fleurs disposées solitairement en corymbe ou en ombelle, composées d'un calice de 3-5 feuilles persistantes, pointues et concaves ; d'une corolle à 5 pétales très-ouverts, plus grande que le calice ; d'une centaine d'étamines capillaires, plus courtes que la corolle, avec leurs sommets arrondis ; d'un ovaire ovale, portant un seul style plus ou moins long, et surmonté d'un stigmate hémisphérique ou globuleux ; son fruit est une capsule ovale, polysperme, composée de 5 valves avec une cloison et par conséquent de dix loges.

Nota. — Les *Cistes* n'ont jamais de stipules comme certains *Hélianthèmes* et ne fleurissent jamais que depuis le lever du soleil jusqu'à midi.

Hélianthemum. Column. *Hélianthème*.

L'*Hélianthème* à beaucoup de rapports avec le *Ciste ;* il en diffère cependant par la disposition de ses fleurs qui sont ordinairement en épi terminal, ou opposé aux feuilles de la plante ; par les feuilles du calice, qui sont toujours au nombre de 5 alternativement, et par la capsule, qui est toujours trivalve avec une ou trois loges.

Les caractères génériques une fois fixés nous descendrons aux espèces. Nous les diviserons en Arbrisseaux, Sous-arbrisseaux et en Plantes herbacées. Nous nous servirons des stipules pour les diviser ; nous laisserons les noms reçus à celles qui nous paraîtront bien nommées, et nous leur en substituerons un autre lorsque nous le jugerons nécessaire, que nous prendrons du port même de la plante, ou d'un de ses caractères les plus saillants. Et lorsque la plante n'en aura point de tel qui puisse nous la faire désigner par ses caractères particuliers , nous la consacrerons à la mémoire de ceux qui les premiers en auront parlé ou à l'honneur de ceux qui auront bien voulu nous la communiquer. Nous caractériserons chaque plante par une phrase latine, que nous ferons suivre de toutes celles des diffé rents auteurs que nous aurons pu rassembler, en commençant toujours par le plus ancien, afin de voir progressivement les mutations que chaque espèce a subi dans sa nomenclature. Nous donnerons ensuite en français une description détaillée de la plante, nous indiquerons le lieu de sa naissance , ses variations, ses usages, ses vertus ; nous entrerons dans la discussion des synonymes des auteurs lorsqu'il y aura lieu, et cette discussion ne sera pas l'objet le plus indifférent de notre ouvrage.

Si lorsque mes affaires m'ont appelé dans votre ville, j'eus pu me flatter d'avoir l'honneur de vous entretenir, Messieurs, j'eusse fait dessiner quelques-unes de mes plantes pour vous les laisser avec mes descriptions ; mais comme j'espère un jour vous offrir toute ma série gravée, et que dans ce moment je ne pourrais d'ailleurs vous offrir que des objets imparfaits, vous voudrez bien vous contenter, pour le moment, de l'inspection de cette partie de mon herbier, quelque mal arrangée qu'elle soit ; elle vous présente les pièces justificatives de mon travail et de ce que j'aurais encore à faire, si vous daignez approuver mes premiers essais.

Voici la liste des espèces que je possède et dcnt je vais lire quelques descriptions.

I. DIVISION. — CISTES PROPREMENT DITS.

I. SECTION. — ARBRISSEAUX.

N° 1. **Cistus albidus** L. (1).

Ciste cotonneux Lamk. *Fl. Fr.* 772, xlvi.

Cistus foliis oblongis, lanceolatis, utrinque albidis; foliis caly-cinis sub-æqualibus Pourret.

Cistus mas 1 Clus., *Hist. Pl.* p. 68. — Lobel. *Adv. et Obs.*

Cistus alterum genus Cæsalp.

Cistus mas latifolius Tabernœm.

Cistus mas folio oblongo, incano CB. *Pin.* 464. — Tournef. *Inst.* 250.

Cistus mas 4 monspeliensis folio oblongo, albido J. B. *Hist.* p. 3. — Magnol. *Bot.* 67 ; *Hort.* 37.

Cistus arborescens, exstipulatus, foliis ovato-lanceolatis, tomentosis, incanis, sessilibus, sub-trinervis L. *Spec.* 737 ; *Syst. Veg.* 443. — Ger. *Gall. Prov.* n° 15. — Gouan *Hort.* 355. — Asso. *Stirps Arag.* 463.

Il croît en abondance aux environs de Narbonne, où on le trouve très-souvent avec l'*Hypociste* attaché à ses racines. On l'y a appelé *Moucho* comme la plupart des grands *Cistes*. On le trouve aussi communément en Espagne, où on le nomme *Estepa*.

(1) **Cistus albidus** L. *Spec.* 177. — Lamk. *Dict.* 2, p. 15. — DC. *Fl. Fr.* 4, p. 812. — Dun. *in DC. Prodr.* 1, p. 264. — Lois. *Fl. Gall.* 1, p. 38. — Duby. *Bot. Gall.* 1, p. 67. — Mutel. *Fl. Fr.* 1, p. 108. — G. G. *Fl. Fr.* 1, p. 163. — Timbal *Etud. Cist. Narb. in Mém Acad. Toul. Ser.* 5, *vol.* 5, p. 39.

B. Il varie à fleurs blanches dans les environs de Narbonne, à *Ricardelle*.

Description. Cet arbrisseau s'élève de trois à quatre pieds de haut. Il a la tige cotonneuse et très-ramifiée ; ses rameaux sont fragiles et alternativement disposés en croix ; ses feuilles sont également opposées et suivent la disposition des rameaux ; elles sont tout à fait cotonneuses et ridées en dessous, oblongues, ou elliptiques et non arrondies , comme les avait fait dessiner autrefois Mathiole, ni rétrécies à leurs bases, comme dans l'*incanus*, assez grandes surtout sur les jeunes plantes. Elles sont d'un goût astringent et ramassées vers l'extrémité des rameaux, qui sont toujours cotonneux et non pas velus comme dans le *Cistus incanus ;* le calice est composé de cinq feuilles, dont deux sont un peu plus longues que les trois autres ; elles sont toutes cotonneuses ainsi que la plante. Les pétales sont légèrement crénelés.

Nota. — On doit regarder comme variété de cette espèce, n'en différant que par la petitesse, le :

Cistus mas III Clus. *Hist*. 69. — Lob. *Obs*. 250.

Cistus mas folio breviore C. B. — Parkins. — Ray. *Hist. II, p.* 1007. — Tournef. *Inst*. 258.

N° 2. **Cistus incanus** L. (1).

Ciste blanc Lamk. *Fl. Fr*. 772, xlv.

Cistus foliis oblongo-spathulatis , subsessilibus, ferè connatis , mollibus, supernè ferè glabris , infernè tomentosis ; foliis calycinis inæqualibus Pourret.

(1) Tous les botanistes qui herborisent à Narbonne n'ont pu retrouver le *C. incanus* L., dans les bois des environs de cette ville. MM. de Martrins, Delort, Maugeret, Gautier, Thevenau, et nous-mêmes, avons fait des efforts infructueux. Il est même probable, d'après MM. Grenier et Godron (*Fl. Fr.* 1, p. 162), que cette plante commune en Corse et en Italie, ne vient pas en France.

D'un autre côté Pourret se borne à citer le *Cistus crispus* L. pour mémoire seulement et sans aucun détail sous le n° 5. Cependant ce *Ciste* est très-abondant aux environs de Narbonne et de Béziers où il forme même des hybrides avec le *C. albidus* L. et le *C. populifolius* L., qui y sont aussi répandus, et il n'est pas possible, à notre avis, que cette plante ait pu échapper à Pourret, et qu'il ne l'ait pas rencontrée dans ses courses.

De ces faits il faut penser que Pourret ne connaissait pas le véritable *C. incanus* L., à moins cependant que ce ne soit son *Cistus villosus* n° 3, avec lequel, dit Pourret,

Cistus mas 2 Clus. *Hist.* 69. — Dalech. *Hist.* 225.
Cistus mas 2 *angustifolius* Clus. — Lob. *Obs. Hist.* 348. —
Tabarnœm. — Gérard.

il a beaucoup d'affinité. Dans tous les cas il ne l'a pas vu à Narbonne. L'étude attentive des figures et des textes, à l'aide desquels Pourret avait fixé sa détermination, nous donne à penser que non-seulement ce botaniste, mais encore Linné, ont été trompés par une fausse application des figures de Clusius qui ont servi de base aux déterminations de ces deux célèbres botanistes.

En effet, Linné, et d'après lui, Pourret, citent comme représentant leur *Cistus incanus*, le *Cistus mas*. 2 de Clusius (*Hist.* 1, p. 69); mais cette figure est mal faite et ne représente pas exactement le *C. incanus*, qui a toujours les feuilles d'automne larges, arrondies, à pointes courbées, et celles du printemps ovales-elleptiques, bordées par des poils blancs ; les sépales moins allongés et moins aténués en pointe, enfin, la capsule plus petite et plus arrondie ; tandis qu'on trouve souvent, au contraire, des formes luxuriantes du *Cistus crispus* qui peuvent bien mieux s'adapter à la figure citée, par les feuilles, par les calices et par les capsules ; il faudrait pour cela avoir le soin de prendre des individus après l'anthèse, afin que les feuilles placées à la base des rameaux ne soient pas tombées ; il ne reste alors que celles de l'année qui ne sont pas encore crépues mais qui le deviennent en vieillissant.

Cette évolution des feuilles, qui change le faciès des *Cistes* selon leur âge, a trompé Clusius, Linné et Pourret, qui ne la connaissaient pas. Clusius a fait dessiner des individus et non des types, et les autres n'ont pas fait attention que cette figure représentait un cas particulier, une variété, ou un hybride ; ils auraient dû remarquer, Pourret surtout, qui herborisait, que s'il est des *Cistus crispus* qui a certains moments ont des feuilles très-crépues, il est des cas où l'on peut avoir facilement des individus à feuilles toutes planes comme les z *C. incanus* L. L'échantillon de *C. crispus* figuré par Clusius n'est pas comple. ; il est représenté au moment où l'anthèse a eu lieu, et après la chute des feuilles de l'automne, placées à la base des rameaux ; le *C. crispus* a les feuilles de la base des tiges, c'est-à-dire les vieilles feuilles, crépues, tandis que celles des rameaux plus jeunes sont entières ; c'est l'inverse qui a lieu dans la figure citée. Nous serions en peine pour expliquer ce fait, si nous ne savions pas que le *Cistus crispus* dans certains hybrides, notamment avec le *C. populifolius*, présente cette inversion dans le caractère tiré des feuilles. On se sert même de cette différence pour déterminer le rôle de chaque espèce dans la production de l'hybride.

Il résulte de ces faits que Linné, qui n'avait vu ces plantes qu'à l'état desséché ou sur des échantillons incomplets, a basé ses déterminations et ses synonymes d'après les figures de Clusius qui, à première vue, paraissent très-différentes si on n'a pas vu toutes les formes vivantes dans différentes localités. Pourret, qui est venu après, a trouvé la faute commise et a suivi les mêmes errements : il a appelé *C. incanus*, L. le *C. Crispus* L., et, ne trouvant pas l'hybride ou la variété qui constituait le *C. crispus* de Clusius, il a été obligé de le mentionner tout simplement et d'avouer ainsi qu'il n'avait jamais vu cette plante. Il y a longtémps, d'ailleurs, que les botanistes italiens, chez lesquels le *C. incanus* L. est commun, le réunissent au *C. villosus* L.

Cistus mas angustifolius CB. *Pin.* 464. — Ger. — Parkins.
— Ray. *Hist. tom. II, p.* 1006.

Cistus mas 11 *folio longiore* J. B. *Hist.* 11 , *p.* 2. — Tournef.
Inst. 258.

*Cistus arborescens, exstipulatus, foliis spathulatis, tomentosis,
rugosis , inferioribus basi vaginantibus, connatis* L. *Spec.* 737,
Syst. veg. 413. *Hort. Cliff.* 204. *Hort. Ups.* 143. — Van Roy
Lugdb. 475.

On trouve cette espèce aux environs de Narbonne ; *M. le
baron de Lapeyrouse* l'a observée aux bains de Rennes, d'où il en
a rapporté l'individu qui se trouve au jardin de l'Académie. On
la trouve plus communément en Espagne et en Portugal , où
elle est plus visqueuse, et où elle répand une odeur beaucoup
plus forte ; on l'y appelle *Roselha*.

Description. Cet arbrisseau s'élève quelquefois au-dessus de
quatre pieds. La tige est rougeâtre et velue et très-ramifiée
comme le précédent. Ses rameaux sont plus flexibles. Ses feuilles
sont oblongues, spatulées, opposées et presque amplexicaules,
duvetées, principalement en dessous, molles sans être cotonneuses et légèrement visqueuses de tous côtés ; celles du bas
sont toujours plus courtes, plus petites , plus ridées et plus
crépues sur les bords ; elles sont terminées par une petite pointe
qui n'est pas piquante. Les pétales sont d'un beau rose foncé,
crénelés sur les bords et tant soit peu en forme de cœur. Chacune des fleurs est portée sur des pédoncules velus, au nombre
de deux à l'extrémité des rameaux latéraux , et au nombre de
quatre au sommet de la plante, qui est terminée par deux
grandes feuilles. Les calices sont composés de cinq feuilles en
forme de cœur, allongées, pointues, et couvertes de poils blancs ;
les deux extérieures sont révolues sur leurs bords et ne sont pas
membraneuses sur les côtés comme les trois autres.

Nota. — Toutes les figures des auteurs qui ont parlé de cette plante
représentent les feuilles un peu plus étroites et plus longues que nous
ne les avons observées nous-mêmes ; malgré l'assertion de Lobel de
Ray et de quelqu'autre, nous ne pensons pas qu'on doive confondre
cette espèce avec la précédente.

N° 3. **Cistus villosus** L. (1).

Ciste velu.

Cistus foliis ovatis, hirtis, in petiolum pilosum vaginantum desinentibus; calycibus villosis Pourret.

An Dioscoride L. 1, c. 106 ?

Cistus mas 4 Clus. *sine figura.* — Lob. *Obs.* 549.

Cistus mas Math. *Ludb.* 222. — Dalech. *Hist.* 222. — *Non vera est Cistus mas* 1 *Clusii ut plerique voluerunt ex confusione descriptionum et iconum mendaciis Mathioli.*

Cistus mas folio subrotundo Parkins.

Cistus mas 1 *sine folio subrotundato hirsutissimo* CB. *Pin*, 464. — Ray. *Hist. tom. II, p.* 1007.

Cistus mas folio rotundiore J. B. *Hist.* 11, p. 2. — Tournef. *Inst.* 258. — Duham. *Arbr.* 1, p. 167, fig. 64.

Cistus arborescens, exstipulatus, foliis ovatis, petiolutis, hirtis L. *Spec.* 736. *Syst. Veg.* 413.

On le trouve en Espagne et en Italie.

Description. Il s'élève à la hauteur d'un homme et ressemble au précédent dans ses ramifications. Sa tige, ainsi que ses feuilles, sont velues. Ces dernières sont minces, arrondies, pétiolées, rudes au toucher et couvertes de tout côté de poils très-courts qui pourtant ne les empêchent pas de paraître vertes ; leur pétiole est en forme de gaîne qui embrasse la tige et il est hérissé de poils. Les feuilles du bas sont arrondies et beaucoup plus petites que les autres ; les jeunes paraissent en cœur. Les pédoncules ne portent qu'une seule fleur ; les calices sont grands et fort velus ainsi que les pédoncules. Les fleurs sont d'un rouge purpurin et de la grandeur de celles du *C. incanus*, avec lequel cette espèce a beaucoup d'affinité. Ses capsules sont dures et arrondies.

N° 4. **Cistus creticus** L. *Ciste de Crète.*

N° 5. **Cistus crispus** L. *Magno flore.*

(1) Le *C. villosus* L. n'est pas autre chose que le *C. incanus* L., ainsi que nous venons de le démontrer.

B. *Flore minore.*

N° 6. **Cistus populifolius** L. *Ciste à feuilles de peuplier.*

Cistus foliis petiolatis, cordatis, acuminatis, sub-pilosis, glutinosis; pedunculis multifloris Pourret.

Cistus Ledum, latifolium, secundum, majus Clus. *Hist.* p. 78. *Ledum* 2 Clus. — Lob. *Hist.* 554. — Dalech. *Hist.* 233.

Cistus Ledon, populneus, fronde major Lob. *Obs. Ic.* — Dalech. *Hist.* 234. — Tabernœm. Ger. — Parkins.

Cistus Ledon populi nigrœ foliis, *major* C. B. *Pin.* 467. — Ray. *Hist.* 11, *p.* 1010. — Tournef. *Inst.* 260.

Cistus Ledon populi nigrœ foliis Clusii, *major* J. B. *Hist.* 2, *p.* 2.

Citus arborescens, *exstipulatus*, *foliis cordatis*, *acuminatis*, *petiolatis.* L. *Spec.* 136 ; *Syst. Veg.* 415 ; *Hort. Cliff.* 205 ; *Mant. alt.* 405. — Van Roy *Lugdb.* 436.

B. *Ledum latifolium, secundum , minus.* Clus. *Hist.* 11, *p.* 78.

Cistus Ledon altera species Clus. *Hisp. Lugd.*

Cistus Ledon populnea fronde alter Lobel. — Tabernæm. — Ger. — *Vel minor Ibid.* Parkins.

Cistus Ledon foliis populi — nigrœ minor C. B. *Pin.* 467.—Ray. *Hist.* 11, *p.* 1009. — Tournef *Inst.* 260.

Cistus |*Ledon populi — nigrœ foliis Clusii minor* J. B. *Hist.* fl 1, *p.* 9.

Il croît aux environs de Narbonne à *l'abbaye de Font-froide* et dans toutes les Corbières où on l'appelle *Argenti*, ainsi que toutes les espèces qui se rapportent au *Ledum* des anciens. Il est aussi commun en Espagne et en Portugal. On l'y appelle vulgairement *Xara, Xargana* ou *Xaron* ; à Grenade on l'appelle *Xara-Stepa* , du nom que les Castillans donnent au *Ciste* à feuilles de sauge.

Description : Sa hauteur est de deux ou trois pieds , sa tige est brune et visqueuse. Les feuilles sont odorantes et balsamiques, acides et astringentes , vertes , glabres et visqueuses en dessus,

réticulées en dessous et légèrement cotonneuses dans leur jeunesse ; elles sont les plus grandes de celles de tous les *Cistes*
connus ; elles sont pétiolées, en forme de cœur et terminées en
pointe, s'allongeant ou s'élargissant plus ou moins, ce qui leur
donne à peu près, tantôt la figure de celle du lierre, tantôt et
plus souvent, celle du peuplier ; les feuilles se colorent en
rouge en hiver ; à mesure que la plante vieillit elle les perd.
De l'aisselle des feuilles, il sort deux pédoncules opposés,
assez longs, chargés de deux ou trois fleurs ; il en sort aussi
plusieurs de l'extrémité de la plante, qui sont plus ou moins
velus, longs de deux ou trois pouces, accompagnés à leur base
d'une écaille qui les embrasse comme dans une gaine. Il se
trouve aussi sur les pédoncules une bractée ovale, sessile,
mince et jaunâtre, qui tombe de bonne heure avant l'épanouissement de la fleur. Chaque pédoncule porte depuis deux jusqu'à
cinq fleurs, portées chacunes par des pédicelles partiels et de
différentes longueurs. Les calices sont composés de cinq feuilles
velues, dont deux intérieures, concaves, les trois autres, extérieures, sont presque planes et ont une forme triangulaire
avant leur entier développement. Les pétales sont blancs, bordés
de rouge, ayant plus d'un pouce de diamètre. La capsule est
pentagonale.

La variété **B.** ne diffère absolument du type, que par sa
hauteur et la grandeur de ses feuilles. Mais, comme les différentes parties de la plante doivent être proportionnelles entre
elles, que la grandeur des feuilles est relative à celle de la
plante, et que nous n'admettons pas les variations comme des
différences spécifiques, nous n'avons pas dû séparer les deux
espèces de Clusius, qui sont, d'ailleurs, exactement les mêmes
pour le port, les fleurs, les semences, l'odeur et le goût. Clusius a seulement observé que les jeunes plantes étaient moins
odorantes et moins visqueuses.

N° 7. **Cistus corbariensis** Pourr. (1). *Ciste des Corbières.*

(1) *Cistus corbariensis* Pourret. — *Cistus salviæ folio-populifolius* Timb.
(*Memb. Acad. Toulouse, sér. 5, vol. 5, p. 48*). — *Cistus longifolio-populifolius*
G. G. (*Fl. fr. 1, p. 164*).
Pourret, dans le *Chloris*, nomme cette plante *C. hybridus*, parce qu'elle n'est

Cistus foliis, cordatis, acutis, utrinque rugosis, margine serrata, crispis pedonculis unifloris Pourr.

Description : Nous proposons cette espèce, comme différente de celle du *Ciste* à feuilles de sauge; malgré que nous soupçonnions qu'elle pourrait n'en être qu'une variété. Elle n'en diffère, en effet, que lorsqu'elle est jeune, car alors il serait aisé de la confondre avec le *Ciste* à la feuille de peuplier ; autrement elle lui ressemble presqu'en tout. Cependant, elle a la tige moins velue, ses feuilles plus aiguës, ses calices plus glabres et plus obtus. Nous nous proposons d'observer plus attentivement cette plante, que nous serons bientôt à portée d'observer vivante dans nos Corbières, où elle vient abondamment.

N° 8. **Cistus salviæfolius** L.

Ciste à feuilles de sauge Lamk. *Fl. fr.* 772. *XLVIII.*

Cistus foliis ovatis, subcordatis, rugosis, sub serratis; ramis oppositis; pedunculis unifloris Pourret.

Cistus fœmina Dioscoride. — Clus. *Hist.* 1, p. 70. — Math. *in Diosc.* — Cord. — Lob. *Obs. p.* 549 ; *Advers.* 418. · Camerarius. — Dodon. — Lonicer. — Dalech. *Hist.* 226.

Cistus fœmina rusticis salviæ Jalberga vocata angustifolia salvia f. silvatica Math. *Hist. Germ.*

Cistus flore albo Rauwolf.

Cistus flore candido alicubi hypocistidem gignens, et Cistus Dioscoridis Cæsalp. — Cord. *in Dioscor.*

Cistus fœmina vulgaris Parkins.

Cistus fœmina folio salviæ C. B. *Pin.* 464. — Ray. *Hist.* 11, p. 1007. — Bœhr. *Lugdb* 1, p. 275.

A. *Altiore et rectis virgis.* C. B. *Pin.* 464. — Tournef. *Inst.* 259. — Garid. *Hist.* 114.

pas exclusivement propre aux Corbières. Elle est intermédiaire, dit-il, entre les *C. salviæfolius* L. et *populifolius* L. ; et il ajoute : On serait même tenté de croire que l'un et l'autre ont concouru à former cette espèce. Ce botaniste sagace avait deviné juste, car nous avons obtenu cette plante en fécondant artificiellement ces deux espèces l'une par l'autre.

B. *Supina, humi sparsa* C. B. *Pin.* 465. — Tournef. *Inst.* 259. — Garid. *Hist.* 114.

C. *Flore ochræ colore* C. B. *Pin.* 465. — Tournef. *Inst.* 259.

Cistus fœmina monspeliaca flore albo J. B. *Hist.* 2, *p.* 4. — Magn: *Bot.* 67.

D. *Et hispanica flore luteo.* J. B. *loc. cit.*

Cistus arborescens, exstipulatus, foliis ovatis, petiolatis, utrinque hirsutis. L. *Spec.* 736 ; *Syst. Veg. p.* 412; *Hort. Cliff.* 205 ; *Mant. alt.* 407. — Van Roy. *Ludb.* 475 . — Sauv. *Monsp.* 150. — Ger. *Gall. Prov.* 397. — Gouan. *Hort.* 255. — Asso. *Stirps.* 464.

Cistus fruticosus, foliis petiolatis, ovatis serratis. Hall. *Hist.* 1031.

On le trouve abondamment en Languedoc, dans plusieurs provinces de France, sur les Pyrénées , en Espagne, en Portugal , en Italie , etc.

Description : Il varie singulièrement ; il est plus ou moins rameux ; s'élève quelquefois à la hauteur de deux pieds avec ses rameaux droits. Ces rameaux sont quelquefois pendants , souvent couchés et étendus par terre ; ils sont plus ou moins cotonneux. Les feuilles n'ont point de forme constante; elles sont ordinairement pétiolées et paraissent quelquefois sessiles vers le haut de la plante. Elles sont oblongues , ovales, arrondies, obtuses, ridées, crénelées sur les bords ou entières, noirâtres , cotonneuses principalement en dessous ; elles ont un goût astringent. Les jeunes pousses sont toujours plus cotonneuses. Chaque rameau porte à son extrémité, ou dans l'aisselle des feuilles, un ou deux pédoncules , longs de deux pouces , qui soutiennent chacun une fleur: ce pédoncule est accompagné dans le bas de deux ou trois rangs de feuilles opposées, qui s'allongent plus ou moins. Les fleurs sont grandes , blanches et jaunes vers l'onglet ; on le trouve aussi quelquefois à fleurs toutes jaunes , notamment dans les Pyrénées , du côté de Bayonne et en Espagne. Il fleurit depuis mars jusqu'en juillet.

N° 9. **Cistus Pechii** Pourr. (1).

Foliis ovato-lanceolatis, acutis, lanceolatis, non connatis, junioribus subtùs incanis, omnibus suprà viscidis Pourret.

Cette espèce que j'appelle du nom de mon excellent ami M. Pech, médecin de Narbonne, très versé en histoire naturelle, fut trouvée par ce même monsieur, dans une .herborisation que nous faisions ensemble aux environs de *Cascastel*, dans les Corbières. Nous ne l'avons jamais vue en fleur, ce qui nous empêche d'en donner la description. Elle tient le milieu entre le *Cistus laurifolius* et le *C. salviæfolius*, mais elle diffère du premier par les pétioles, qui ne sont pas unis l'un à l'autre, et du dernier par la forme des feuilles et tout le port de la plante.

N° 10. **Cistus laurifolius** L.

Ciste à feuille de laurier Lamk. *Fl. fr.* **772** *XXXVII.*

Cistus foliis ovato-lanceolatis, nervosis, petiolatis, basi connatis, floribus summis umbellatis, calycibus triphyllis, bracteis deciduis Pourret.

Cistus Ledum I latifolium. Clus. *Hist.* 1, *p.* **77.** — Lobel. *Obs.* **348.** — Grisley *Vend. Lusit, p.* **30.**

Ladanum alterum Cœsalp.

Cistus Ledon foliis laurinis C. B. *Pin.* **467.** — Magn. *Bot.* 67; *Hort.* **97,** — Ray. *Hist.* **11,** *p.* **1009.** — Tournef. *Inst.* **260.** — Lemonnier *Obs. CC. XXIX.*

Cistus Ledon latifolium Parkins.

Cistus Ledon latiore folio. J. B. *Hist.* **2,** *p.* 8, auquel il ne faut pas rapporter le *C. Ledon latifolium creticum* du même auteur comme le pense Linnæus. Ce dernier est notre *C. Cyprius.*

Cistus arborescens, exstipulatus, foliis ovato-oblongis, petiolatis,

[1] Le *Cistus Pechii* Pourr. a été rapporté par erreur dans notre *Etude sur les Cistes de Narbonne,* à notre *Cistus monspeliensi-salviæfolius.* Nous avons depuis fait des recherches nouvelles dans les bois de *Cascastel,* où Pourret indique sa plante, et où, en effet, nous avons trouvé une forme hybride résultant du croisement des *C. laurifolius* et *monspeliensis,* qui est exactement la même plante. Nous l'avons décrite dans notre excursion à *Cascastel,* sous le nom de *C. monspeliensi-laurifolius,* tandis que nous avons conservé le nom de *C. laurifolio-monspeliensis* pour le *C. Ledon* Lamk. (*C. glaucus* Pourret).

trinerviis, suprà glabris, petiolis basi connatis L. *Spec.* 736 ;
Syst. Veg. 413, *Mant. phys. f.* 421. — Gouan. *Hort. monsp.*
214, pl. 262. — Asso. *Stirps* 462.

Cet arbrisseau est commun en Portugal et en Espagne,
où on l'appelle en divers endroits *Estepa* cu *Estrepa* et *Xara.*
Il vient communément dans les Corbières à *Saint-Paul de
Fenouillet*, à *Alet*, à *Saint-Martin du Canigou.* On le connaît
chez nous sous le nom d'*Argenti.* Les paysans s'en servent pour
guérir les coupures.

Description. Sa hauteur est de trois ou quatre pieds. Sa tige
est arrondie et rameuse ; son écorce est brune ou rougeâtre,
couverte de poils soyeux dans les jeunes, notamment dans les
pays les plus méridionaux. Les rameaux, ainsi que les feuilles,
sont opposés ; les premiers, aussi bien que les pédoncules,
sont accompagnés de deux bractées, qui tombent lorsque les
uns ou les autres sont parfaitement développés ; ils sont couverts
de poils d'autant plus nombreux que la plante est jeune. Les
secondes (les feuilles) ont un pétiole allongé qui embrasse totalement la tige par sa base qui est ordinairement rougeâtre.
Elles sont ovales, presque lancéolées, pointues, nerveuses,
légèrement plissées sur les bords, très-visqueuses, glabres en
dessus, toujours cotonneuses ou blanches en dessous. En raison
de l'accroissement de la plante, il faut prendre garde de ne pas
prendre pour des stipules les jeunes feuilles caduques qui
embrassent les jeunes rameaux et les pédoncules avant leur
développement. Les pédoncules partent du centre des rameaux ;
ils sont hexagones dans leur base, fort allongés, et portent sur
leur longueur, à des distances à peu près égales, deux ou trois
rangs de fleurs qui ont chacune un pédicelle d'environ un pouce
de long, tout couvert de poils blancs et denses. Ils sont opposés
dans le bas et disposés en ombelle au nombre de 4-8 dans
l'extrémité supérieure. La corolle est blanche et quelquefois
jaunâtre dans le Portugal ; elle a à peu près quinze lignes de
diamètre. Les calices ne sont composés que de trois feuilles
très-soyeuses, terminées par une pointe fort allongée.

Nº 11. **Cistus Cyprius** Pourret (1).

*Cistus foliis trinerviis, lanceolatis, subpetiolatis, superne nigri-
cantibus, inferne incanis* Pourr.

An Cistus maritimus Math. *Lugdb ?*

Cistus Ledum III Cyprium Clus. *Hist.* p. 78. — Lob. — Ger.

Cistus ladanifera Cypria Parkins.

Cistus Ledum latifolium creticum J. B. *Hist.* 11 , p. 9. (C'est
l'espèce que Wehelor a observée au *Mont-Olympe* et qu'il décrit
dans son voyage (*Lib.* 3, p. 19).

Cette espèce nous a été communiquée par le célèbre Spielmann tantôt sous le nom de *C. laurifolius,* tantôt sous celui de
ladaniferus. Elle tient en effet le milieu entre les deux espèces
et nous n'assurerons pas précisément qu'elle ne fût une variété
de cette dernière. Nous croyons cependant qu'elle mérite une
place distincte. La figure de J. Bauhin lui ressemble parfaitement et sa description ne peut convenir à aucune des espèces
voisines , pas même au *C. creticus* de Linné, décrit dans le
Voyage en Orient, de Tournefort, et qu'il ne faut pas confondre
avec celui-ci malgré qu'il ait rapporté à sa plante quelques
synonymes que nous avons cru devoir mieux convenir à la
nôtre.

Nº 12. **Cistus longifolius** Pourret (2).

(1) *Cistus Cyprius* Pourr. C'est un hybride que nous nommons *C. ladanifero-
laurifolius* Timb. Cette plante n'a pas été signalée en France à l'état spontané.
Dans les jardins, où on la cultive quelquefois pour la beauté de ses fleurs, elle est
toujours stérile.

« Lamark, dit M. Clos à propos de cette plante (*Pourret et son Histoire des Cistes,
tirage à part,* p. 18), trois ans après que Pourret avait communiqué son manuscrit
à l'Académie, établissait une nouvelle espèce de *Ciste* sous le nom de *C. Cyprius*
Lamk. (*Dict.* 2, p. 16, nº 14). Les deux synonymes, rapportés par lui à cette espèce,
avaient déjà été donnés par Pourret, et, chose étrange, la description des deux
auteurs commence presque par les mêmes termes, et l'un et l'autre déclarent que
l'espèce est intermédiaire entre le *C. laurifolius* L. et le *C. ladaniferus* L. »

N'est-ce pas là une preuve, parmi cent autres , des spoliations éhontées dont
Lamarck se rendait à chaque instant coupable ?

(2) Le *Cistus longifolius* Pourret, non Lamarck , est un hybride nommé par nous
C. crispo-laurifolius Timb. (*Mém. Acad. Toul.* série 5, v. 5, p. 50). Nous avons
établi notre détermination d'après un échantillon de cette plante donné par Pourret
à Chaix, et conservé dans un herbier qui malheureusement vient d'être détruit dans
un incendie.

Cistus foliis lanceolatis, breviter petiolatis, margine undulatis, petiolatis canaliculatis, pedunculis longis, nudis, sub-bifloris Pourr.

Cistus Ledon 1 angustifolium flore omnino interdum albo Clus. *Hist.* 77. — Lob. *Hist.* 553. — Dalech. *Hist.* 233.

Cistus Ledon Dodon. *Pempt.*

Ledon Clusii Tabernœm.

Cistus ladanifera hispanica incana C. B. *Pin.* 467. — Ray. *Hist.* 11, p. 1009.

Cistus ladanifera hispanica salicis folia, flore candido Tournef. *Inst.* 260. — Bœhr. *Lugd.* 1, p. 274 ; *Ind. alt. H. L.* : 151. — Siba. *Mus.* tom. 1, p. vii, f. 50. *Icon folio breviore exhibet.*

Cistus ladaniferus. A. L *Sp.* 737 ; *Syst. végét.* 413.

On trouve ce *Ciste* aux environs de *Gibraltar* d'où je l'ai reçu de la part de M. Ortéga, professeur de botanique à Madrid. Il paraît qu'il a été confondu par Clusius, J. Bauh, Ray et plusieurs autres, avec le *Ciste* qui suit. Il n'y a qu'à comparer nos deux descriptions et les plantes pour sentir qu'elles ne peuvent pas même être regardées comme variétés l'une de l'autre.

Description. Arbrisseau dont la tige est haute d'environ trois pieds. Son écorce est brune et lisse. Ses feuilles dans le bas sont longues, lancéolées et pointues, d'un brun vert par-dessus, point luisantes mais visqueuses et d'une odeur balsamique fort agréable. Elles sont pulvérulentes en dessous et plissées sur les bords ; celles des jeunes rameaux sont d'un vert jaunâtre, très-blanches en dessous et presque argentées ; elles sont toutes pétiolées et conservent entre elles la même forme. Les rameaux sont opposés et ceux de l'année précédente portent un pédoncule articulé de deux ou trois pouces de long ; ces articulations sont formées par la chute des feuilles. Chaque pédoncule porte une ou deux fleurs dont le calice est à trois feuilles concaves et velues, colorées sur les bords et terminées par une légère pointe qui se réfléchit. La corolle est grande d'environ deux pouces de diamètre, blanche, souvent empreinte vers l'onglet de chaque pétale d'une tache violette sur un fond jaunâtre.

N° 13. **Cistus grandiflorus** Pourret (1).

Cistus foliis lineari-lanceolatis, subsessilibus, basi vaginatis, subtus albidis, bracteis persistentibus, calycem triphyllum, ferè sessilem, amplectentibus Pourr.

Cistus Ledum I angustifolium flore maculâ ex purpurea nigricante infecto Clus. *Hist.* 1, p. 77. — Lob. *Obs.* — Ger. — *Emac.*

Ladum et Ledum Dodon.

Ledum Clusii primum Tabernœm.

Cistus Ledon angustifolium Parkins.

Cistus Ledon flore macula nigricante notata J. B. *Hist.* 2, p. 8. — Commel. *Hist.* 1, p. 39, tab. 20.

Cistus ladanifera, hispanica, salicis folio, flore albo, macula nigricante insignito Tournef. *Inst.* 260.

Cistus arborescens, exstipulatus, foliis lanceolatis suprà lœvibus, petiolis basi coalitis vaginantibus B. L. *Spec.* 737 ; *Syst. Veg.* 443 ; *Hort. Cliff.* 205. Sauvage *Monsp.* p. 147-150.

M. Née l'a observé aux environs de *Gibraltar* ; *M. Ortéga* me l'avait communiqué des environs de *Puerto Llano* en allant dans la *Sierra Morena.*

Description. Cet arbrisseau a environ 4 à 5 pieds de haut. Sa tige est rougeâtre et d'une odeur forte et balsamique ainsi que toute la plante. Elle se divise en plusieurs rameaux glabres dont les feuilles opposées sont droites, d'une forme lancéolée, un peu étroites et allongées, noirâtres, luisantes et très-gommeuses par-dessus, blanchâtres en dessous, avec une nervure saillante dont l'extension forme un léger pétiole jaunâtre et fort gommeux. Ce pétiole embrasse la tige comme dans un étui sans être adhérent au pétiole de la feuille opposée. Toute la plante semble couverte d'un vernis luisant qui éblouit lorsque le soleil y donne dessus. Les feuilles voisines des fleurs sont un peu obtuses,

(1) *Cistus grandiflorus* Pourr. C'est le *C. ladaniferus* L. Cette plante a été trouvée en France, notamment à Toulon et à *Saint-Chinian* (Hérault). Dans cette dernière localité M. Loret a découvert un hybride de cette espèce avec le *C. monspeliensis* L. que nous lui laisserons le soin de décrire.

tout à fait sessiles , et celles qui tiennent lieu de bractées forment dans leur base , qui s'élargit, un espèce de sac jaune,
très-visqueux, qui embrasse un calice de trois feuilles pulvérulentes, colorées sur les bords et concaves , portées sur un pédoncule très-court et peu apparent, de manière qu'on pourrait
absolument dire que ses fleurs sont sessiles. Elles ne sont point
disposées en ombelle, comme le dit Linné ; j'en ai vu rarement
deux sur le même pédoncule et jamais davantage. Les fleurs
sont très-grandes ; il en est qui ont souvent plus de trois pouces
de diamètre. Les pétales sont blancs, festonnés et ont chacun
une grande tache rhomboïdale, de couleur mordorée, vers l'extrémité de leurs onglets qui sont violets avec des lignes safra-
nées. Le stigmate ne tient au germe que par un style imper-
ceptible.

N° 14. **Cistus ladaniferus** Lam. (1).

Ciste ladanier Lam. *Fl. Fr.* 772, xl.

*Cistus foliis lanceolatis, nervosis, sessilibus, superioribus basi
latioribus, subtùs albidis, pedonculis variis, foliis calycinis* 5, *villosis, strictis, acutis, inæqualibus* Pourr.

Cistus ladanifera incana hispanica Magn. *Bot.* 67 ; *Hort.* 57.

Cistus ladaniferus Gouan. *Hort. Monsp.* 255 ; *Fl.* 262.

On trouve l'espèce en question dans les montagnes des
environs de Narbonne, principalement dans les Corbières, parmi
le *Ciste* à feuilles de laurier et le *Ciste* de Montpellier. Elle tient
de l'un et de l'autre ; du premier par le port et du second par
la manière de fleurir.

Description. Cet arbrisseau s'élève à la hauteur de deux à
quatre pieds. Ses rameaux sont alternes ; ils se dépouillent de
leurs feuilles inférieures à mesure que la plante vieillit. Ses

---

(1) *Cistus ladaniferus* Pourr. C'est le *Cistus Ledon* Lamarck. Il ne faut pas perdre
de vue que la *Cistographie* de Pourret n'est qu'un projet qui, plus longuement
élaboré, aurait été plus complet, et certaines erreurs, comme celle-ci, auraient disparu. Ce *Ciste* est un hybride, comme le *C. Pechii*, des *C. laurifolius* et *monspeliensis* que nous avons nommé *C. laurifolio-monspeliensis* Timb. (*Acad. Toul.
Ser.* 5, vol. 5, p. 54).

feuilles sont opposées, lancéolées, étroites, fortement visqueuses, d'un vert bleuâtre en dessus, blanchâtre en dessous, horizontales, quelquefois pendantes et presque sessiles vers le bas de la plante. Les supérieures s'élargissent par leur base, et de leur aisselle il sort des pédoncules d'environ deux pouces de long. Ils sont grêles, velus, et se ramifient quelquefois. Ces calices sont à cinq feuilles, dont deux courtes, lancéolées, concaves et toutes couvertes de poils assez longs. Les fleurs sont grandes, blanches, et jaunâtres vers leur onglet.

Nota. — On ne saurait, malgré l'assertion de plusieurs auteurs respectables qui n'ont fait que copier les synonymes des auteurs successivement sur la foi les uns des autres, regarder cette plante comme la même qui a été décrite par Tournefort sous le nom de *Cistus ladanifero hispanico incana salicis folio flore candido* Tournef. *Inst.* 260. Cet auteur, qui avait voyagé en Espagne, dans la patrie des *Cistes*, y avait sûrement remarqué la plante de Clusius que nous avons appelée *C. Longifolius* et qu'il rapporte lui-même à celle qu'il a décrite. Mais Magnol, qui parle d'une plante de Montpellier, n'a pas pu parler de celle qui ne croît qu'en Espagne ou en Portugal. C'est ce qui nous a porté à conserver à notre plante le synonyme de Magnol, et à rejeter sur un autre le synonyme de Tournefort, que M. le chevalier de Lamarck avait attribué à notre espèce en question. Et nous devons d'autant moins hésiter à croire qu'il n'a pas voulu parler de celle de Clusius, puisqu'il n'a pas voulu dire qu'il tient la plante de nous ; plante que nous avons observée et que certainement nous n'avons pas confondue avec la plante espagnole qui ne croît pas chez nous.

N° 15. **Cistus nigricans** Pourr. (1).

Cistus foliis petiolatis, lanceolatis acutis, nigricantibus, subtus rugosis viscidis ; floribus divaricatis cymosis ; foliis calycinis 5 planis latioribus Pourr.

Description. Cette espèce me paraît tout à fait inconnue des auteurs. Je n'en vois nulle trace dans leurs ouvrages. Je n'assurerais pas que les uns ne l'eussent confondu avec le *C.*

(1) *Cistus nigricans* Pourr. C'est le *C. longifolius* Lamk. (*Dict.* 2, p. 16) dont nous avons fait le *C. monspeliensio-populifolius* Timb. (*Mém. Acad. Toul.* sér. 5, vol. 5, p. 50) hybride de ces deux espèces.

ladanifera incana de Magnol , avec lequel il paraît d'abord avoir une grande affinité : Je ne voudrais pas dire aussi que d'autres ne l'eussent pris pour le *C. ladanifera sive Ledon monspeliensis angustifolio nigricans* de J. Buh ; mais je puis assurer avec confiance que notre plante doit être spécifiquement distinguée. Sa tige cendrée et qui se colore de rouge en montant, s'élève comme la première jusques à 3 ou 4 pieds de hauteur ; elle se ramifie confusément ; elle est un peu visqueuse ; ses feuilles le sont davantage. Elles sont opposées , lancéolées , pointues , avec un pétiole assez court et qui jamais n'embrasse la tige ; elles sont noirâtres et lisses par dessus, jamais blanches en dessous, mais très-veinées , ridées et d'un vert brun, qui noircit à mesure que la plante sèche. Les rameaux , d'où doivent sortir les fleurs, sont composés d'un touffe de petites feuilles velues , dont les extérieures sont toujours plus petites , coloriées et caduques tenant la place de stipules. Du milieu de cette petite touffe, s'élève un pédoncule d'environ deux pouces de long, couvert de poils denses et longs , portant vers le milieu de son étendue un ou deux rangs de bractées sessiles , courtes et lancéolées , velues de tout côté, et terminées par 3-6 fleurs disposées en guise d'ombelle sur des pédicelles velus qui se ramifient. Les calices sont composés de 5 feuilles planes, ovales, pointues et transparentes. Les fleurs sont blanches et ont environ 15 lignes de diamètre.

N° 16. **Cistus monspeliensis** L.

Ciste de Montpellier Lamk. *Fl. fr.* 772, *XLI.*

Cistus foliis lineari-lanceolatis, nervosis, utrinque rugosis sessilibus ; pedonculis multifloris ; foliis calycinis 5 villosis, æqualibus Pourr.

a. *Lada et Ledon cisto similis frutex* Cord. *in Dioscorid.*
Ledum Math. — Dalech. *Hist.* 230. — Tabernæm.
Ladanum Cœsalp.; *Laudanum* Lard.
Cisti species secunda Dodon. — Gal.
Cistus ladanifera Tournef.
Ledon alterum cistigenum Gem. *Hort.*
Laudanum latifolium Rauwolf.

7

Cistus Ledum latifolium Lob. *Adv.*

Cistus Ledum Mathioli Ger.. *Emac.*

Cistus Ledon oleæfoliis Parkins.

Cistus flore albo Besler. *Syst. Astie, Ord. f. g. Icon pessima.*

Cistus ladanifera monspeliensium C. B. *Pin.* 467. — Magn. *Bot.* 67; *Hort.* 57. — Ray. *Hist. 11, p.* 1010, — Tournef. *Inst.* 259 ; — Boer. *Lugdb, 1, p.* 275. — Garid. *Hist.* 114.

Cistus ladanifera, sive Ledon monspesulanum angustifolio nigricante J. B. *Hist.* 11, *p.* 19.

Cistus monspeliensis L *Spec.* 737 ; *Syst. Veg,* 413; *Host. Cliff.* 205 ; *Hort. Ups.* 144. — Van. Rog. *Lugdb.* 475. — Sauv. *Monsp.* 147. — Lemonier *Obs. CCXXIX.* — Ger. *Gall. Prov.,* p. 377, *n°* 12. — Gouan *Hort. Monsp.* 255, *Fl.* 263.

b. *Varietas media, foliis brevioribus sed ejusdem latitudinis.*

c. *Varietas angustifolia.*

Cistus Ledon V. Clus. *Hisp.* et *Hist.* 1, *p.* 79.

Ledon narbonensis cum hypocisto, Ledum V, Clusii Lob.

Cistus Ledon narbonense. Tabernæm.

Cistus Ledon Lobelii. Ger. *Emac.*

Cistus Ledon foliis oleæ sed angustioribus C. B. *Pin., p.* 467. — Tournef. *Inst.* 259.

d. *Varietas hispanica floribus corymbosis minoribus.*

II. Cette espèce est propre au Languedoc et à l'Espagne. Les variétés **b** et **c** sont tout à fait locales et leur différence ne provient que du sol, ou de l'âge de la plante. Aussi c'est avec fondement que Magnol et J. Bauhin voulaient réunir les deux plantes de C. Bauhin. La variété **d** est propre à l'Espagne ; elle a les fleurs en corymbe et un peu plus petites.

Cet arbrisseau, quoique très-voisin du *C. ladanifera*, ne peut pas lui être réuni comme le soupçonne M. le chevalier de Lamarck. Il y a des plantes différentes, dont les caractères distinctifs sont très-diffiles à saisir, et en cela, un jardinier exercé a souvent plus d'avantages que le botaniste le plus consommé. Le *facies propria* de la plante, qu'on saisit d'un clin d'œil, et qu'il serait plus aisé de peindre que de décrire, est cependant ce qui empêche de confondre les plantes ; et si M. le chevalier de Lamarck eût vu comme nous ces deux plantes sur pied , il n'eût certainement pas soupçonné que le *C. monspeliensis* n'est peut-être qu'une variété du *C. ladaniferus*. Toutes les fois qu'une plante conserve les mêmes caractères , à côté d'un autre qui paraît lui ressembler , et qu'elles conservent entre elles quelques caractères saillants , mais difficiles à être exprimés, pourvu qu'ils soient sensibles et constants , il n'en faut pas davantage pour regarder ces deux plantes comme absolument distinctes. Or, les deux espèces en question , qui viennent souvent l'une à côté de l'autre , diffèrent entre elles par le port, par la distribution des rameaux , par la forme des feuilles , par divers accidents particuliers , par les calices , etc. Elles doivent donc être séparées.

Description : Celle-ci forme un arbrisseau d'un ou deux pieds de haut, se ramifiant dès sa base. Ses rameaux sont opposés et alternes , garnis de feuilles opposées , étroites , presque linéaires , beaucoup plus grandes dans les jeunes sujets , couvertes de poils très-courts en dessus et en dessous , peu apparents en dessus , à cause de l'humeur visqueuse et luisante qui les recouvre et les tient couchées ; plus sensibles en dessous et les faisant paraître quelquefois soyeuses. Les feuilles ne se réfléchissent jamais en bas ; elles sont, le plus souvent, redressées. Les pédoncules sont garnis de feuilles semblables , quelquefois un peu plus larges à leur base, qui tombent à mesure que les fleurs sont passées. Ils se divisent et portent 6-12 fleurs disposées en pannicule. Le calice est composé de 5 feuilles égales, pointues et plus larges dès la base. Les fleurs ont environ 8-10 lignes de diamètre ; elles sont blanches , et jaunes à l'onglet. Les capsules sont plus petites que celles de notre Ladanier des Corbières. Il fleurit dès le mois d'avril jusqu'au mois de juillet.

Nota. Besler donne de cet arbrisseau une description aussi mauvaise que la figure en est maussade ; ce qu'il y a de plus singulier, c'est que dans l'une et dans l'autre il ne donne que quatre pétales aux fleurs.

N° 17. **Cistus varius** Pourret (1).

Cistus foliis ovato-oblongis , utrinque rugosis, mollibus , breviter petiolatis ; pedunculis multifloris Pourr.

Cistus Ledon IV, Clus. *Hist.* 79. — Lob. *Obs.* et *Icon.* — Tabernæm. *Icon.* et *Hist.* — Ger. *Emac.*

Ledon alterum augustiore folio. Camer *ex fide* G. B.

Cistus Ledum hirsutum sive IV Clusii Parkins.

Cistus Ledum hirsutum G. B. *Pin.* 467.

Cistus Ledum IV Clusii flore candido J. B. *Hist.* 11 , *p.* 19.

Description : Il vient aux environs de Narbonne et en Espagne. Il s'élève à la hauteur de deux pieds. Sa tige est rouge et velue dans sa partie supérieure. Ses rameaux sont flexibles. Ses feuilles, presque ovales , sont ridées en dessus et en dessous, plissées sur les côtés , souvent semblables à celles du *C. crispus ,* quelquefois à celles du *C. salviæfolius,* portées sur un très-léger pétiole, qui tient à celui de la feuille qui lui est opposée. Des pédoncules velus, d'environ deux pouces, partent de l'aisselle des feuilles; ils sont accompagnés ordinairement de deux rangs de feuilles ; ils supportent trois ou quatre fleurs , portées chacune sur un autre petit pédoncule qui est réfléchi vers le bas de la plante avant le développement de la fleur, et qui se renverse à cette époque. Les calices sont composés de cinq feuilles velues et lâches. Les corolles sont moins grandes que celles du *Ciste* à feuille de sauge. Les capsules sont petites, arrondies et contiennent des semences beaucoup plus grosses que celles de tous les autres *Cistes* analogues.

N° 18. **Cistus Libanotis** Pourret.

Cistus supernè tantum foliosum , infernè floriferum ; foliis fasciculatis, linearibus, incanis ; floribus bracteatis. Pourr.

(1) *Cistus varius* Pourret. Nous avions pris autrefois cette plante pour un hybride et nous lui avions donné le nom de *C. albido-monspeliensis* Timb. (*Mem. Acad. Toul. ser. 5, vol. 5 , p. 55*) ; mais des recherches plus récentes nous ont demontré notre erreur et le *C. varius* Pourr. reprend son rang d'espèce. Avec M. Clos (*Pourret et son Histoire des Cistes, tirage à part. dag. 10*) , nous lui donnerons comme synonyme, le *C Pouzolzii* Del. (*Suppl. Cat. Hort. monsp. 1859*).

N° 19. **Cistus rorismarinifolius** Pourret (1).

Cistus foliis oppositis, linearibus, subtùs incanis, revolutis, supernè glabris; pedunculis longis, pedicellis inæqualibus Pourr.

Cistus Ledum VIII Clus. *Hisp.* 80. — Lob. *Obs.* et *Icon.*

Ladanum Clusii folio rorismarini, flore luteo. Rauwolf.

Cedon Clusii quintum (pro octavo) Tabernæm.

Cistus Cedum sextum Clusii (pro octavo). Ger. *Emac.*

Cistus Cedon foliis rorismarini, subtùs incanis G. B. *Pin.* 467. — Ray. *Hist.* 11, *p.* 1010.

Cistus Cedon 8ᵘ foliis rorismarini subtus incanis Parkins.

Cistus Cedon foliis rorismarini coronariæ Clusii, flore luteo J. B. *Hist.* 2, *p.* 11.

Helianthemum foliis rorismarini splendentibus, subtùs incanis Tournef. *Inst.* 250.

HH. On le trouve en Espagne, dans les environs de Gibraltar et dans plusieurs endroits du Portugal; on l'y appelle *Roméro*, à cause de sa ressemblance avec le Romarin. D'après les synonymes rapportés par Tournefort, il est évident que cet auteur a voulu parler de notre plante; cependant, il parait extraordinaire que d'après ses propres principes, il en ait fait un *Helianthemum*, puisqu'elle a sa capsule à 10 loges. Il faut supposer, et je le pense, que Tournefort n'a vu cette plante ni en fleurs, ni en fruits, et qu'il ne s'est décidé que d'après l'affinité que les feuilles peuvent avoir avec les *Helianthemum*. Malgré l'assertion de M. Séguier, dont je respecte les décisions et dont

---

(1) *Cistus rorismarinifolius* Pourr. M. Clos (*Pourret et son Histoire des Cistes Tirage à part, p. 16*) s'exprime de la manière suivante sur le compte de cette plante : Deux espèces de *Cistes* croissent dans le midi de l'Espagne, et ont quelque analogie d'aspect avec le Romarin ; l'une est le *Cistus Clusii* Dun., l'autre le *C. Bougæanus* Coss. Mais cette dernière dénomination devra être rapportée désormais en synonyme au *C. rosmarinifolius* Pourr., par les motifs suivants : 1° Le *C. Clusii* Dun., aux feuilles blanchâtres au deux faces, ressemble moins sous ce rapport au Romarin que le *C. Bourgæanus* Coss., qui les a *vertes et glabres* en dessus ; 2ᶜ le premier a, contrairement au second, ses sépales poilus, caractère non signalé par Pourret aux sépales de son espèce ; 3ᵉ, enfin, le premier croît dans la province de Murcie, tandis que le second a été récolté au *Perial de Chiclana*, non loin de Gibraltar, où Pourret signale son *C. rorismarinifolius*.

je me fais une gloire de me déclarer le disciple le plus soumis, je ne crois pas qu'il faille cependant rapporter l'Hélianthème de Tournefort au *Cistus racemosus* Linné, je pense que mon hypothèse peut être admise. Elle est fondée sur ce que Tournefort a dû ne pas confondre, lorsqu'il a décrit sa plante et qu'il lui a rapporté celle de Clusius ; l'inspection de l'herbier de Tournefort doit décider tous nos doutes à ce sujet. En attendant, nous allons en donner une description succincte.

Description : Petit arbrisseau qui ne s'élève guère au-delà d'un pied et demi. Il est couvert de rameaux allongés, cotonneux, garnis, jusques à leur base, de feuilles sessiles linéaires, vertes et glabres en dessus, blanchâtres en dessous et tout à fait semblables à celles du Romarin, d'un goût astringent et légèrement visqueuses. Les fleurs sont portées sur des pédoncules longs et garnis de feuilles à leur naissance. Les bractées sont petites et jaunâtres. Le calice est composé de trois feuilles.

N° 20 **Cistus umbellatus** L.

N° 21. **Cistus hispidus** Pourret.

II. SECTION. — SOUS-ARBRISSEAUX.

N° 22. **Cistus cricœfolius** Pourret.

II. DIVISION. — HELIANTHEMES.

I. SECTION. — ARBRISSEAUX.

23 H. **Palavianum** *Pourr.*   26 H. **halimifolium** *Pourr.*
24 H. **Ortegianum** *Pourr.*   27 H. **algarviense** *Pourr.*
25 H. **acinifolium** *Pourr.*   28 H. **punctatum** *Pourr.*

II. SECTION. — SOUS-ARBRISSEAUX.

Pas de Stipules.

29 H. **Bancksii** *Pourr.*   34 H. **canum** *L.*
30 H. **piloselloides** *Pourr.*   35 H. **marifolium** *Pourr.*
31 H. **Fuchsii** *Pourr.*   36 H. **hispidum** *Pourr.*
32 H. **Seguierii** *Pourr.*   37 H. **œlandicum** *L.*
33 H. **serpyllifolium** *Pourr.*

III. SECTION. — PLANTES HERB*A*CÉES.

A. Des Stipules.

38 H. **plantaginifolium** *P*.
39 H. **guttatum** *L*.
40 H. **arenarium** *Pourr*.
41 H. **lucidum** *Pourr*.
42 H. **squammatum** *L*.
43 H. **Lippi** *L*.
44 H. **ericæfolium** *Pourr*.
45 H. **calycinum** *L*.
46 H. **glaucophyllum** *Pourr*.
47 H. **thymifolium** *L*.
48 H. **glutinosum** *L*.
49 H. **thymbrifolium** *Pourr*.
50 H. **hispanicum** *Juss*.
— — *fl. albis et luteis*.
51 H. **nummulariæfolium** *L*.
52 H. **hirsutum et majus** *Juss*.
53 H. **hyssopifolium** *Pourr*.
54 H. **vulgare** *Pourr*.
55 H. **Allioni** *Pourr*.
56 H. **corsicum** *Pourr*.
57 H. **chironium** *Pourr*.
58 H. **pyrenaicum** *Pourr*.
59 H. **angustifolium** *Pourr*.

60 H. **marjoranæfolium** *P*.
61 H. **Granierii** *Pourr*.
62 H. **nisetum**. *Pourr*.
63 H. **Villari** *Pourr.-All*.
64 H. **hirsutum** *Pourr*.
65 H. **hirtum** *L*.
— — *B. fl. albo*.
66 H. **pilosum** *Pourr*.
67 H. **rosmarinifolium** *P*.
— — *B. minus*.
— — *Y. fl. roseo*.
68 H. **incanum** *L*.
69 H. **candicans** *Pourr*.
70 H. **racemosum** *L*.
71 H. **candidissimum** *P*.
72 H. **polifolium** *L*.
— — *B. minus*.
— — *Y. maximum*.
73 H. **germanicum** *L*.
74 H. **roseum** *Juss*.
75 H. **apenninum** *L*.
76 H. **syriacum** *Juss*.
77 H. **Dombegi** *Dourr*.
78 H. **lavandulæfolium** *P*.
79 H. **Spicæfolium** *Pourr*.

B. Pas de Stipules.

80 H. **Neci** *Pourr*.
81 H. **ægyptiacum** *L*.
82 H. **ni'oticum** *L*.

83 H. **Ledifolium]** *L*.
— *B. Semine cinereo*.
84 H. **Salicifolium**.

IV.

EXTRAIT DE LA CHLORIS NARBONENSIS

RENFERMÉE DANS LA RELATION D'UN VOYAGE FAIT DEPUIS NARBONNE
JUSQU'AU MONSERRAT (1);

PAR L'ABBÉ POURRET
1783

Tout le monde sait que les provinces méridionales de la France sont infiniment riches en plantes rares, mais peu de gens sont à portée de connaître par eux mêmes la totalité et la variété de ces richesses végétales. La Gaule Narbonnaise, dont l'étendue est d'environ 4,500 lieues carrées, c'est-à-dire, d'environ un sixième de tout le royaume, renferme à elle seule un nombre plus considérable de plantes que n'en présente toute la Flore Française de M. le chevalier de Lamarck. Son heureuse position la rend propriétaire d'une infinité de productions plus intéressantes les unes que les autres. Située entre l'Espagne et les Alpes, elle embrasse une partie du domaine que Flore s'est choisie entre les sables brûlants de l'Afrique et les glaces perpétuelles de la Laponie. On retrouve dans son sein des productions particulières à ces deux climats si disparates, et elle jouit du précieux avantage de posséder une foule de plantes que la nature leur a refusées, et qu'elle n'a accordées qu'aux pays tempérés qui les séparent.

Depuis longtemps, on désire et on attend une histoire générale des plantes de la Gaule Narbonnaise ; sans doute, elle aurait

(1) Ce travail considérable a été lu dans les séances du 2 mai, 23 juin, 1, 8 et 22 juillet 1783. Pour bien se rendre compte des profondes modifications qu'il a subies, consulter ci-dessus la *Notice biographique sur Pourret.*

déjà paru , cette histoire , depuis plusieurs années projetée,
promise et très-avancée, si des circonstances particulières
n'étaient venues s'opposer à son entière exécution. Le désir que
nous avons toujours eu de montrer au moins les ressources que
notre patrie peut fournir aux botanistes , nous avait engagés
en 1783, à présenter à l'Académie, sous la forme d'un itinéraire,
la suite des plantes les plus rares que nous avions observées
dans les environs de Narbonne et sur les Pyrénées , et comme
à cette époque nous venions de faire un voyage en Catalogne ,
nous y en ajoutâmes la relation. L'Académie daigna alors approuver cet ouvrage, le réserver pour être inséré dans la collection de ses mémoires , et l'annonça dans le tome II de son
recueil ; mais comme il était trop volumineux pour être inséré
en entier dans un même volume , l'Académie parut désirer une
réduction , et nous saisîmes cette occasion de lui plaire et de lui
obéir avec d'autant plus d'empressement, que par cette même
réduction, nous trouvâmes, sans rien ajouter à notre manuscrit,
l'avantage de lui donner un nouveau but d'utilité. En suppri-
mant tous les détails dans lesquels entraîne la description d'un
voyage, en donnant un nouvel ordre aux plantes qu'il nous
avait procurées, et en n'y laissant entrer aucune de celles qui
sont mentionnées dans le *Flora Monspeliaca* , nous en formâmes
un supplément à cette Flore de plus de 1,200 espèces , parmi
lesquelles il s'en trouvait environ 236 qui ne sont point citées
dans les ouvrages de Linné ; plus de 130 qui n'avaient pas
encore été vues ou décrites par les auteurs modernes , ou qui
mal-à-propos avaient été confondues avec d'autres espèces , et
un grand nombre qui , quoique connues, nous avaient paru
exiger des remarques ou des observations particulières.

De la réunion de cet ouvrage et de l'Index du *Flora Monspeliaca*, devaient résulter le prodrome de la Flore Narbonnaise, en
attendant des temps plus heureux pour que cette flore pût
paraître dans toute son étendue et ornée de figures, ce qui est
indispensable dans les ouvrages de ce genre. L'Académie dési-
rant nous assurer la possession des espèces que nous lui avons
présentées et ne se dissimulant pas que notre *Chloris* n'était plus
de nature à être divisée, que toute succincte qu'elle nous paraît,

elle pourrait former elle seule un petit volume, mais trop considérable pour rentrer dans son recueil, a bien voulu nous faire écrire depuis peu pour nous autoriser à la faire imprimer séparément sous son privilége, et nous en demander un extrait, qui peut être inséré dans le troisième volume de ses mémoires. En conséquence, pour répondre à ses vues et à ses intentions, nous allons donner le plus succinctement possible, une liste alphabétique des espèces que nous croyons avoir été les premiers à décrire.

Nous ne dissimulerons pas que depuis 1783, il a paru divers ouvrages de botanique où plusieurs de nos plantes sont citées, parce que nous nous sommes fait un vrai plaisir de les communiquer. Attachant bien peu d'importance à la gloire d'être le premier à découvrir et à décrire une plante, et plus encore d'indifférence à ce que ces découvertes soient répandues par tel ou tel auteur, pourvu que le public en jouisse plus promptement et plus utilement, nous ne saurions néanmoins renoncer à une espèce de propriété, qui nous devient plus chère, puisqu'elle est aussi commune à l'Académie. Nous avons cru ne devoir pas noùs dispenser de citer toutes les espèces qui n'avaient pas encore été décrites avant 1783, où pour lesquelles il n'existait pas encore de nom trivial qui put aider à les distinguer des autres, et de conserver l'ordre des numéros de notre ancien manuscrit.

Chaque espèce est accompagnée d'une phrase descriptive qui suffira pour empêcher de confondre nos plantes avec celles dont les auteurs ont parlé, nous aurions désiré y joindre une description plus étendue ; mais nous savons trop bien que la meilleure description, seule, ne va pas au-devant de toutes les méprises, qu'il n'y a que le concours d'une bonne description et d'une figure exacte, qui puisse les prévenir entièrement toutes.

Nous avons eu souvent l'attention de les assimiler aux espèces les plus analogues ; d'indiquer leur différence ; de leur assigner quelquefois les noms des anciens auteurs qui en ont fait mention ; de désigner les lieux où elles croissent ; en un mot, nous avons tâché de procurer les moyens de les reconnaître autant que pouvait le comporter notre objet, qui n'était que de donner une simple indication générale. Les détails que chaque espèce aurait exigés, feront le sujet de plusieurs dissertations, que nous nous proposons de donner incessamment.

La voie des dissertations est d'ailleurs la plus avantageuse pour faciliter la connaissance des espèces isolées. Une description complète peut bien suffire jusqu'à un certain point, pour donner une idée claire et distincte du port et du caractère des individus que l'on décrit ; mais comme elle ne peut et ne doit se borner qu'aux caractères inhérents à ces mêmes individus, elle ne saurait remplir totalement, elle seule, l'objet que l'on doit se proposer dans l'étude des plantes. Qu'importe, en matière de savoir, qu'une plante faite de telle ou telle manière, s'appelle de ce nom ou d'un autre ; si la botanique ne consistait qu'en cela seulement, ce serait avec juste raison qu'on la qualifierait de science de noms. Tout au plus pourrait-on appeler cette langue, un langage figuré, qui serait à la portée de beaucoup d'enfants, dont l'intelligence se trouverait d'accord avec leur mémoire, et qui n'aurait d'autre mérite que d'amuser les *bota-nophiles ;* mais dans une science de rapports, telle que la botanique, on doit aller plus loin ; il ne suffit pas de nommer et de décrire une plante, il faut en considérer toutes les parties essentielles sans en excepter aucune, il faut les combiner entre elles, les examiner sous tous les rapports qu'elles peuvent avoir, même avec les espèces qui semblent s'en éloigner sous d'autres points de vue, et établir les différences qu'elles ont même avec celles qui semblent s'en rapprocher le plus. Une table d'affinité ne serait pas moins utile en botanique qu'en chimie, et c'est là l'objet des dissertations botaniques, que d'envisager les espèces sur lesquelles ont disserte sous tous les rapports d'affinité, et de les faire toucher par le plus grand nombre de contacts avec celles qui s'en rapprochent, ou de fixer les lignes de démarcation qui les séparent ; de présenter toutes les variations auxquelles sont exposés les individus de la même espèce, qui croissent en divers lieux et dans les sols différents, et de prévenir par là le double emploi et l'accroissement des fausses espèces.

Un ouvrage élémentaire, général et collectif, n'exige pas les mêmes précautions pour faciliter la connaissance des espèces. Il suffit d'adopter un système, une méthode ou un ordre quelconque, de fixer avec précision les limites qui divisent les familles entre elles, de faire plus ou moins de coupes dans ces mêmes familles, pour rendre les genres plus aisés à caractériser, d'établir des caractères saillants et naturels, qui fassent ressortir en particulier chaque genre, et de ne prendre pour chaque espèce que les caractères qui lui sont propres, et qui ne lui sont communs avec aucune autre du même genre ; ce moyen, un tableau succinct des différences de chaque espèce, suffit aisément pour les distinguer entre elles ; et des descriptions qui ne seraient pas simplement sommaires dans ce cas, ne feraient que grossir un pareil livre, d'autant plus que les livres de cette nature ne sont faits que pour la nomenclature.

Mais l'objet des dissertations doit être de présenter l'historique des plantes, d'examiner si celles dont on parle ont été connues ou non des anciens, de relever les erreurs ou les méprises qui ont pu se glisser à leur sujet et de ne jamais s'en rapporter à la foi d'autrui, sans avoir vu et examiné de ses propres yeux. Les synonymes des anciens ne suffisent pas toujours pour donner une certitude complète de l'identité des espèces ; il faut encore s'assurer de la bonté des figures qu'ils citent, collationner ces figures sur les anciens herbiers, ne pas négliger l'indication des lieux où ces plantes ont été observées. Il est peu de pays qui n'aient leurs plantes propres. Il est des espèces qui s'attachent à tels cantons, tels climats, telle hauteur. Ces indications qui, à beaucoup près, ne sont pas suffisantes, peuvent servir, néanmoins, dans beaucoup de cas, pour s'assurer si cette plante, citée par tel auteur, est celle dont on a parlé soi-même. Nous avons été à la portée de faire usage quelquefois de cette ressource dans notre *Cistographie*, et pour nous borner à un seul exemple, qui suffira aussi pour prouver combien il serait dangereux de copier scrupuleusement et sans considération, les synonymes rapportés par d'autres auteurs, nous ne citerons que le *Cistus glaucus* (n° 339 de notre catalogue), que M. Gouan a confondu avec le *Cistus ladaniferus* L., et que Gaspard Bauhin a appelé le *Ledum I Angustifolium de Clusius*, *Cistus ladaniferus hispanica incana*, et Magnol a adopté cette phrase pour désigner notre *Ciste* en question. Linné a dû, avec fondement, rapporter à son *Cistus ladaniferus* le synonyme de G. Bauhin. Mais M. Gouan, en citant l'espèce de M. Magnol, n'aurait pas dû, sous prétexte que la phrase de ce dernier était la même que celle de Bauhin, se méprendre sur cette espèce, qui est particulière au Languedoc, tandis que celle de Clusius, de Bauhin et de Linné, ne se trouve, en Europe, qu'en Espagne et en Portugal, et qu'elle en est si différente, qu'elle ne lui ressemble ni par son port, ni par le nombre de feuilles du calice, ni par la forme et la grandeur de ses corolles, ni par la division des capsules, ni par la disposition des fleurs. La partie synonymique d'un ouvrage de botanique telle qu'elle doit être envisagée, exige beaucoup de soins et de comparaison. Si ce n'est point celle qui procure le plus d'agrément à l'auteur, elle est celle, sans doute, qui exige le plus d'érudition de sa part. La botanique ne serait encore qu'une science spéculative, si elle ne se bornait qu'à des noms, des phrases, des comparaisons, des rapports, des figures, des discussions critiques ; elle est encore pratique, se trouve intimement liée avec beaucoup d'autres branches des connaissances humaines, et doit surtout s'étendre à tout ce qui peut la rendre utile à nos besoins, en l'appliquant à l'économie rurale et domestique, à la médecine, aux arts, au commerce, etc. Mais revenons à notre liste.

Quoiqu'un simple catalogue puisse paraître peu intéressant, celui-ci, tel qu'il est, a eu l'avantage de ne présenter que des plantes peu ou point connues encore, d'ajouter à la somme des productions végétales, une suite assez considérable d'espèces nouvelles propres à la Gaule, et de donner un léger aperçu de la richesse de notre sol. Nous avons dû renoncer à beaucoup d'espèces qui nous étaient communes avec M. Villar, parce qu'il les avait déjà annoncées dans son *Prospectus de l'Histoire du Dauphiné*, et qu'il ne nous appartenait plus de nous approprier des droits que l'ordre des temps nous avait fait perdre.

Nous nous sommes permis quelquefois de prendre dans nos décisions un ton qui pourra peut-être paraître trop tranchant, surtout lorsqu'il s'agit de se prononcer entre des savants dont la réputation semble un titre pour respecter leurs opinions, ou entre des amis qui ont des droits à la déférence qu'inspirent justement leurs lumières et leurs rares connaissances ; mais en matière de science, surtout lorsqu'il s'agit d'une science de faits, les prétendus égards qui enveloppent la vérité sont toujours funestes aux progrès des connaissances. Nous ne sommes pas moins admirateurs des grands hommes qui nous éclairent journellement, quoiqu'ils puissent néanmoins se tromper quelquefois, et nous croirions faire injure à ceux qui nous honorent de leur amitié, en soupçonnant qu'ils s'offenseront de ce que nous avons pu n'être pas toujours de leur avis.

Personne n'ignore combien l'étude des plantes est pénible, lorsqu'on n'a pas sous les yeux les objets de comparaison avec lesquels on puisse les assimiler ; combien la culture et la différence du sol et de climat font varier les individus de la même espèce ; combien il est rare de faire des descriptions exactes, lorsqu'elles ne sont point faites sur des individus vivants ; combien il est souvent dangereux de s'en rapporter aveuglément à la foi d'autrui ; et cependant, combien de fois n'est-on pas obligé de le faire, surtout dans une science aussi vaste que celle de la botanique ? Aussi très-souvent les erreurs de tel auteur que l'on relève ne sont pas les siennes, etc. ; lui fussent-elles propres, il y aurait quelquefois de l'injustice à le juger défavorablement, parce que dans une science de détails, la certitude des faits dépend du concours d'une infinité d'observations faites par différentes personnes, et en divers lieux.

1. **Acer hispanicum** *foliis quinquelobis acutis inæqualiter dentatis, nervis subtus pilosis, lobis intimis minimis, petiolis canaliculatis, floribus unicis nutantibus, capsularum alis rectis.* ♄ (1).

---

(1) *Acer hispanicum* P. (*Mémoire Acad. Toul.* série 1, *vol.* 3, *p.* 305). Cette plante est rapportée à l'*Acer opulifolium* Vill. (*Dauph.* 3, p. 802). Synonyme confirmé par M. Bubani dans l'herbier de Madrid. L'auteur en créant son *Acer hispanicum*, a voulu séparer la forme à feuilles cotonneuses en dessous (*A. obtusatum* Will.). (*Sp.* 4, p. 984), de la forme à feuilles glabres ou simplement velues sur les nervures ; c'est à cette dernière qu'il a donné le nom d'*A. hispanicum*. M. Costa (*Suppl. Cat. catal.* 68) indique ces deux formes comme très-répandues en Catalogne, MM. Grenier et Godron (*Fl. Fr.* 1, p. 322), les réunissent.

Cet arbre croît abondamment sur le *Montserrat*.

Il a beaucoup d'affinité avec l'*Acer opulus* du jardin du Roi, et n'en est peut-être qu'une variété.

2. Achillæa chamæmelifolia *foliis imis pinnatifidis , pinnis supra decompositis linearibus , distantibus villosis, superioribus simpliciter pinnatis; corollæ raditis albis.* ♃ (1).

Nous avons observé cette plante dans les Pyrénées aux environs de *Notre-Dame de Nouris.*

Il ne faut pas la confondre avec celle que M. Villar a appelé de ce nom, elle nous paraît très-distincte de l'*Ach. abrotanifolia* Lin. (2).

N° 16. **Agrostis aquatica** *culmo geniculato repente; foliis fascicularis vaginâ ventricosâ, ad exortum membranacea, paniculæ ramis verticillatis , ramulis alternis , calycibus æqualibus.* ♃ (2).

On trouve communément cette espèce dans les fossés aux environs de Narbonne.

C'est mal à propos que *M. Linné* ne l'a considérée que comme une variété de l'*Agrostis stolonifera.*

N° 18. **Agrostis pungens** *paniculâ ovatâ , floribus erectis valvulâ exteriore lineari breviore , foliis arundinaceis convolutis rigidis pungentibus, culmo ramoso, radice stoloniferâ.* ♃ (3).

A Narbonne, dans les lieux maritimes et sablonneux.

---

(1) *Achillœa chamæmefolia* Pourret (*Mém. Acad. Toul. ser.* 1, vol. 3, p. 305). Ce nom est le nom *princeps.* Cette plante produit plusieurs formes que Lapeyrouse a érigées au rang d'espèces ; les *A. capillata, falcata,* et *recurvifolia.* Pour notre part nous n'avons vu que deux formes ; le type, qui est commun au Vernet, au sommet de la vallée d'Eynes, où l'indique Pourret, et celui qui vient en Catalogne, dans la vallée de la *Noguèra Pallarèsa,* qui est plus grand (de 5 à 6 décimètres), les feuilles ont les segments plus allongés et plus aigus. Cette plante se rapporte au *A. falcata* Lap. (Voyez : *Bull. Soc. Scienc. Phys. et Nat. Toul., vol.* 1, *p.* 92).

(2) *Agrostis aquatica* Pourr. (*Loc. cit. p.* 306). C'est l'*A. verticillata* Vill. (*Prosp. p.* 16). Ces deux noms ont été créés presque en même temps, mais les auteurs ont donné la priorité à Villar parce que le second volume de sa *Flore du Dauphiné,* où cette espèce est décrite, date de 1787, c'est-à-dire précède d'une année la publication du *Chloris,* de Pourret.

(3) *Agrostis pungens* Pourr. (*Loc. cit., p.* 306). C'est le *Spirobolus pungens* Kunth. (*Gram.* 1, p. 68).

Il est à propos d'observer que M. le chevalier de Lamarck, qui soupçonne que cette plante pourrait être rapportée à l'*Agrostis arenaria* de M. Gouan, a décrit cette dernière sous le nom d'*Agrostis maritima ;* et comme ce savant dit tenir ces deux plantes de nous, nous pouvons assurer qu'il doit y avoir eu dans son herbier confusion d'étiquettes , qui lui auront fait prendre l'une pour l'autre. Notre *Agrostis pungens* est depuis longtemps connue de plusieurs botanistes, à qui nous l'avons communiquée, elle est très-bien figurée dans Schreber, p. 46, t. 27, f. 3.

N° 22. **Agrostis pyrenaica** *foliis setaceis cespitosis, culmo erecto subnudo, paniculâ ramosâ coarctatâ, calycibus inæqualibus acutis coloratis, petalorum aristâ unicâ albâ.* ♃ (1).

Dans les Pyrénées , à *Madres, Eynes, Llaurenti,* etc.

Cette espèce , quoique constamment plus petite, nous paraît (aujourd'hui) bien voisine de l'*Agrostis alpina* de l'Encyclopédie.

N° 28. **Aira divaricata** *foliis setaceis, culmo geniculato basi ramoso, paniculâ divaricatâ, floribus è dorsi medio aristatis, aristis brevibus, glumis calycinis acutis.* ⊙ (2).

A Narbonne, aux environs de *Fontlaurier.*

Il ne faut pas confondre cette plante avec l'*Aira caryophyllæa* L. Elle se rapprocherait davantage de l'*Aira canescens* L., mais elle en est différente.

N° 29. **Aira setacea** *foliis setaceis pungentibus, culmo erecto articulato, paniculâ coarctatâ, floribus distantibus, glumis calycinis hyalinis, corollæ verò basi aristatis.* ⊙ (3).

A. *Fontlaurier, Fontfroide,* etc.

---

(1) *Agrostis pyrenaica* Pourr. (*Loc. cit.*, p. 306). C'est l'*A. rupestris* All. (*Fl. Ped.* 1785). Le travail de Pourret a été lu à l'Académie en 1784. Si la lecture d'un manuscrit devant une Société savante constitue un droit de priorité , le nom que Pourret a imposé à cette plante doit lui être restitué.

(2) *Aira divaricata* Pourr. (*Loc. cit.*, *p.* 307). C'est le *Corynephorus articulatus* Pal-Beau. (*Agrost.* p. 90), synonyme confirmé par M. le Dʳ Bubani dans une visite faite à l'herbier de Madrid (*in litteris*).

(3) *Aira setacea* Pourr (*Loc. cit.*, *p.* 307). C'est le *Deschampsia media* Rœm. et Schult. (*Syst.* 2, p. 687); *Aira media* Gouan (*Illustr.* p. 3).

N° 39. **Allium narcissifolium** *scapo nudo ancipiti, foliis linearibus planis striatis, umbellâ fastigiatâ , staminibus subulatis.* ♃ (1).

A *Bugarach.*

Cette espèce qui a assez le port de l'*Allium senescens* L., est toujours beaucoup plus grande et en diffère par la forme de ses feuilles.

N° 45. **Althæa narbonensis** *caule flaccido ramoso, foliis inferioribus quinquelobis, superioribus trilobis , omnibus piloso sericeis,* ♃ (2).

Cette espèce est très-commune aux environs de Narbonne, notamment dans le bois de *Moujan.* Elle croît aussi abondamment dans le Minervois, où elle est connue sous le nom de *Fialasso.* Les paysans la font rouir, la filent et en font une toile qui quelquefois approche de la finesse de celle de chanvre.

N° 64. **Andropogon hermaphroditum** *paniculâ coarctatâ , pedunculis divisis multifloris, floribus omnibus hermaphroditis , feminibus aristatis, foliis in setam convolutis* (3).

Narbonne , sur les rochers de la *Clape.*

N° 68. **Andryala lyrata** *incanâ, caule ramosissimo, foliis inferioribus lyrato-runcinatis , laciniâ terminalis latiore denticulatâ , superioribus oblongo lanceolatis acutis , floribus solitariis.* ♃ (4).

Cette superbe plante est commune sur les bords des petites

(1) *Allium narcissifolium* Pourret (*Loc. cit., p* 307). C'est l'*Allium fallax* Don. (*Monog.* 61). Villar (*Fl. Dauph.* 2, p. 258) a donné le nom de Pourret à cet *Allium* sans le citer ; peut-être ne connaissait-il pas la citation de notre auteur.

(2) *Althæa narbonensis* Pourret (*Loc. cit., p.* 307). Ce nom, adopté par Cavanilles (*Diss.* 2, p. 91, t. 29, fig. 2) et par Jacquin (*Ic. rar.* 1, t. 138) lui est resté. Cette espèce, rare dans le Midi, est beaucoup plus commune vers le Bas-Languedoc, elle remonte jusqu'à Castelnaudary. A *Soupex* elle est commune aux bords du *Fresquel,* ainsi que l'*A. cannabina* L. (*Spec.* 966).

(3) *Andropogon hermaphroditum* Pourr. (*Loc. cit , p.* 308). C'est l'*Aristella bromoides* Parl. (*Fl. Ital.* 1, p. 690); *Agrostis bromoides* L. (*Mant.* 1, p. 30).

(4) *Andryala lyrata* Pourr. (*Loc. cit., p.* 308). C'est l'*A. ragusina* L. (*Spec.* 1136); *A. incana* DC. (*Fl. Fr.* 5, p. 455). Cette espèce est encore très-commune dans les localités citées par Pourret.

rivières des Hautes-Corbières, notamment à *Prades*, à *Saint-Paul des Fenouilhèdes*, etc.

N° 128. **Aster pyrenaicus** *caule unifloro, foliis alternis strictissimis, calycibusque villosis.* ♃ (1).

Dans les Pyrénées à *Llaurenti*, *Madres*, etc.

Elle nous semble avoir été confondue par MM. Linné et Reichard avec l'*Aster alpinus*.

N° 180. **Brassica crysimoides** *foliis lyrato-runcinatis dentatis, caule glaberrimo, siliquis longis articulatis.* ♃ (2).

A l'*Espinassière*, dans le diocèse de Narbonne.

N° 181 **Brassica montana** *radice fibrosâ, caule tenui striato, foliis imis alternis lyratis longè petiolatis, superioribus amplexicaulibus denticulatis, siliquis tetragonis.* ⊙ (3).

A *Saint-Victor*, dans les Corbières.

N° 184. **Bromus arenaceus.** *Gramen bromoides pumilum locustis majoribus erectis aristatis* Scheurchz, (*Agr.* 260) (4).

A Narbonne et à Saint-Paul de Fenouilhèdes, dans les lieux stériles.

---

(1) *Aster pyrenaicus* Pourr. (*Loc. cit.*, p. 308). C'est l'*Erigeron uniflorum* L. (*Spec.* 1211). Il ne faut pas confondre cette plante avec l'*A. pyrenaicus* DC. (*Fl. Fr.* 4, p. 146) qui n'a jamais été rencontrée dans la région explorée par Pourret.

(2) *Brassica erysimoides* Pourr. (*Loc. cit.*, p. 308). C'est l'*Erucastrum obtusangulum* Rchb. (*Fl. Exc.* p. 693).

(3) *Brassica montana* Pourret (*Loc. cit.*, p. 308). Cette plante nous est inconnue, il serait facile de la déterminer en faisant une herborisation à *Saint-Victor*, montagne située près de *Durban*, dans les Corbières.

(4) *Bromus arenaceus* Pourret (*Loc. cit.*, p. 308); *Bromus madritensis* L. (*Spec.* 114).

La synonymie de cette plante est assez controversée. MM. Grenier et Godron (*Fl. Fr.* 3, p. 582) rapportent le *Bromus arenaceus* et non *avenaceus*, par une faute d'impression, au *B. tectorum* L. (*Sp.* 114) avec un point d'incertitude. Nous ne sommes pas de cet avis. M. Bubani, qui a vu cette plante dans l'herbier Pourret, à Madrid, nous a écrit qu'elle doit être rapportée au *B. madritensis*. Dans tous les cas, l'une et l'autre croissent à Saint-Paul, où Pourret indique son *Bromus arenaceus*, et cependant ni l'une ni l'autre ne se trouvent dans la première herborisation de l'*Itinéraire*, de Pourret, qui a pour but l'exploration de Saint-Paul et de Saint-Antoine.

N° 189. **Bromus sylvaticus**. *Gramen loliaceum montanum spicâ partiali sub-hirsutâ fragili* Scheurchz *(Agr.* 88). (1).

Dans les lieux couverts.

N° 198. **Buffonia perennis** *Caule supernè tantum pauciflorâ ramoso, ramis erectis.* ♃ (2).

A' *Narbonne*, à la *Clape*, au *Pech de l'Agnelo* et dans toutes les Corbières.

Cette jolie plante, dont aucun auteur n'a encore fait mention, ne saurait être confondue avec la *Buffonia tenuifolia* L. qui est annuelle, et a un tout autre port.

N° 219. **Cachrys lævigata** *foliis bipinnatis ferulaceis, foliolis multifidis, laciniis brevibus setaceis, seminibus fungosis lœvibus non sulcatis.* ♃ (3).

A Narbonne, au *Pech de l'Agnelo*, à *Sainte-Lucie*.

C'est la même plante, que M. Gouan a mal-à-propos rapportée dans ses trois ouvrages de botanique au *Cachrys Libanotis* L. Morison a fort bien distingué ces deux espèces. La nôtre

(1) *Bromus sylvaticus* Pourret (*Loc. cit.*, *p.* 308). C'est le *Brachypodium silvaticum* Rœm. (*Scheru. Syst.* 2, p. 741).

On trouve cette plante, comme le dit Pourret, dans les bois couverts; nous l'avons vue à *Fontfroide*, près le ruisseau. Dans cette localité elle a les épillets plus courts, plus gros et moins nombreux que notre *B. silvaticum*, du bassin sous-pyrénéen, commun aussi dans les bois couverts.

(2) *Buffonia perennis* Pourret (*Loc. cit.*, *p.* 309). Cette plante porte ce nom dans nos flores ; elle est restée à Pourret.

(3) *Cachrys lævigata* Pourr. (*Loc. cit.*, *p.* 309). Les auteurs anciens et Linné lui-même confondaient cette plante avec une autre sous le nom de *C. Libanotis* L. Morisson, comme le dit Pourret, fut le premier qui sépara le *C. Libanotis* L. en deux espèces : *Cachrys semine fungoso lævi* et *Cachrys semine fongoso sulcato*. Gérard la distingua d'après une bonne figure de Garidel ; mais Pourret est le premier qui lui ait imposé un nom d'après la nomenclature Linnéenne et qui la distribua ainsi baptisée à ses correspondants.

Ce fut dans ces circonstances que Lamarck publia cette espèce sous le même nom de *C. lævigata* (*Dict.* 1, p. 256). Pour donner le change et dissimuler cette spoliation, il dit qu'il tient cette plante de Gérard ou qu'il la donne d'après Gérard. Mais, dans ce cas, pourquoi Lamarck n'a-t-il pas cité la figure de Garidel, indiquée par Gérard ?

Cette espèce, quoique assez répandue dans le Midi, ne se rencontre que cantonnée dans certaines localités et toujours en individus peu nombreux ; il est probable qu'elle tend à disparaître.

est son *Cachrys semine fungoso, lœvi* Moris. *(Amb. 64, t. 3)* et celle de Linné son *Cachrys semine fungose sulcato, plano, majore, foliis peucedani angustis* Moris. *Ibid.*

N° 230. **Campanula leucanthemifolia** *foliis radicalibus pedunculatis, subrotundis, acutis, mediis sessilibus, oblongis, profunde incisis, superioribus trifidis integrisque, flore unico nutante.* ♃ (1).

Dans les Pyrénées à *Llaurenti, Eynes, Fontrabiouse*, etc.

Elle nous paraît très-distincte du *Campanula pusilla* L.

N° 231. **Campanula speciosa** *foliis lineari lanceolatis, denticulatis ciliatis, floribus paniculatis maximis nutantibus, capsulis quinque locularibus obtectis.* ♃.

Dans les Corbières, à *Saint-Victor.*

Celle-ci ne saurait être confondue avec le *Campanula Medium*, qui a ses feuilles beaucoup plus larges et lancéolées, sa tige moins rameuse et ses fleurs élevées (2).

N° 263. **Cardamine raphanifolia** *foliis pinnatis hirsutis laceris, impari maximâ reniformi.* ⊙ (3),

Dans les Pyrénées, à *Salvanaire.*

Cette espèce est voisine du *Cardamine Chelidonia* et n'en est peut-être qu'une variété.

N° 244. **Cardamine crassifolia** *foliis pinnatis carnosis, foliolis integris ovatis, floribus sub-umbellatis caule fistuloso.* ⊙ (4).
Ibid.

---

(1) *Campanula leucanthemifolia* Pourr. (*Loc. cit., p.* 309). Parmi les nombreuses *Campanules* des Pyrénées on a toujours été embarrassé pour trouver une forme à laquelle on pût sûrement appliquer la diagnose que l'auteur donne à cette espèce.

(2) *Campanula speciosa* Pourret (*Loc. cit., p.* 309). C'est sa *C. grandiflora* (*Itin. Pyr.* 1781) dont il a modifié le nom parce qu'il le considérait comme inexact, d'autres *Campanules* ayant des fleurs plus grandes que la sienne.

Lamarck a donné ce nom de *C. grandiflora* (*Fl. Fr*, éd. 1, vol. 3, p. 334) au *C. Medium* L. (*Spec.* 836). Quant à Lapeyrouse, il a fait deux espèces du *C. speciosa* Pourr., savoir : *C. longifolia* Lap. (*Hist. Abr.* 117) et *C. bicaulis* Lap. (*Fl. Pyr. p.* 13, *fig.* 7), pour une forme grêle et rabougrie. Elles ne diffèrent en rien de la plante de Pourret.

(3) *Cardamine raphanifolia* Pourret (*Loc. cit., p.* 310).

(4) *Cardamine crassifolia* Pourret (*Loc. cit., p.* 310).

N° 245. **Cardamine runcinata** *foliis simplicibus , radicalibus petiolatis oblongis profondè dentatis , caulinis sessilibus appendiculatis paudurœ-formibus sive dentato laciniatis,* ♃ (1).
Ibid.

N° 285. **Centaurea leucantha** *caule suffruticoso sulcato tomentoso ramoso , foliis viscosis sessilibus pinnatifidis , foliolis incisoserratis, ramis longis subnudis , unifloris , pedunculis incrassatis, calycibus subciliatis.* ♃ (2).
A *Narbonne ,* à la *Clape* et à *Sainte-Lucie.*
Elle varie aussi à fleurs rouges.

N° 288. **Centaurea corymbosa** *caule lignoso alternè ramoso , ramis inferioribus elongatis corymbum efformantibus ; calycibus ciliatis nigris ; foliis imis bipinnatifidis incanis , rameis hirtis profundè incisis linearibusve.* ♃ (3).
A *Narbonne ,* sur les rochers de la *Clape ,* aux environs de l'*ermitage de Notre-Dame de Bon Secours (Les Auxils).*

N° 293 **Centaurea sylvatica** *calycibus ciliatis sub-spinosis, caule striato ramoso , floribus magnis pedunculatis , foliis pinnatis pinnulâ alternatim majore.* ♃ (4).

(1) *Cardamine runcinata* Pourret (*Loc. cit.*, p. 310).
Ces trois *Cardamine* sont rapportées au *C. latifolia* L. comme variétés. Cette espèce varie, en effet, considérablement dans son feuillage. Dans les lieux où elle vient en quantité, on peut trouver les trois formes de feuilles sur lesquelles Pourret a fondé ses trois espèces.

(2) *Centaurea leucantha* Pourr. (*Loc. cit.*, p. 310).
Dans une lettre adressée à Lapeyrouse, lettre que nous avons eue sous les yeux, Pourret donne à cette plante le nom de *C. maritima*, et lui reconnaît deux variétés : l'une à feuilles peu visqueuses et tomenteuses en dessous ; l'autre, plus verte et plus visqueuse. Lamarck, fidèle à ses habitudes indélicates, s'est emparé de cette espèce et l'a nommée *C. intybacea* (*Dict.* 1, p. 67). Cette spoliation est évidente, car Lamarck, qui dit tenir cette plante de Pourret, lui donne en synonyme le *C. leucantha* Pourr., qu'il attribue à la variété à feuilles tomenteuses.

(3) *Centaurea corymbosa* Pourr. (*Loc. cit.*, p. 310).
Cette plante a été retrouvée à la *Clape* par Delort de Mialhe. M. Jordan, à qui elle fut communiquée, l'a décrite avec soin sous le nom donné par Pourret (*Obs. Bot. Fragm.* 5, p. 58). Elle est aujourd'hui généralement adoptée.

(4) *Centaurea sylvatica* Pourret (*Loc. cit*, p. 310). Nous avons dit dans les notes de l'*Itinéraire* et ailleurs que cette plante était un hybride des *C. scabiosa et collina* L.

Dans les bois des montagnes et dans les prés ombragés.

Cette espèce dont les fleurs sont constamment rouges, a été regardée comme variété du *Centaurea collina* L.

N° 309. **Cerastium sericeum** *foliis radicalibus aggregatis ovatis sericeis, caulinis distantibus acutioribus, floribus subsolitariis pedunculis longis.* ♃ (1).

N° 321. **Chenopodium camphoratæfolium** *foliis subulatis sericeis, florum glomerulis geminis.* Hall. (*Hist. n°* 1575) (2).

A *Perpignan*, autour des remparts.

N° 326. **Chrysanthemum tanacetifolium** *foliis bipinnatis, pinnis inciso-serratis, caule ramoso, pedunculis axillaribus longis multifloris.* ♃ (3).

Aux environs de *Narbonne*, à *Cascastel*, l'*Espinassière*, etc.

Cette espèce est très-différente par son port du *Chrysanthemum corymbosum* L.

(1) *Cerastium (sericeum)* P. (*Loc. cit., p.* 311); *Cerastium alpinum* DC. (*Fl Fr.* 4, p. 779); *C. alpinum et hirsutum* G. G. (*Fl. Fr.* 1, p. 270).

Il est probable que Pourret a voulu distinguer par ce nom la forme du *Cerastium alpinum* L., qui n'était pas celle que Lamarck avait nommée *C. lanatum* (*Encl.* 1, p. 680); ou celle à pédoncules poilus et glutineux que Ramond (*Acad. Paris*, p. 158) a appelé *C. squalidum* et que Lapeyrouse a désigné aussi sous le nom de *C. atratum* (*Hist. Alb. Pyr.* 215). Nous n'avons jamais rencontré dans les Pyrénées le *C. glabratum* Hart. (*Scand.* p. 181), qui est peut-être le type du *C. alpinum*, de Linné.

Ces espèces, ou variétés, sont très-répandues avec les mêmes caractères plus ou moins accusés dans la région alpine des Pyrénées.

(2) *Chenopodium camphoratæfolium* Pourr. (*Loc. cit., p.* 311). C'est le *Kochia prostrata* Scherer. (*Journal*, 85), synonyme bien connu de tous.

(3) *Chrysanthemum tanacetifolium* Pourr. (*Loc. cit., p.* 311). Cette plante que nous avons rapportée à tort au *Leucanthemum palmatum* Lam. (*Fl. Fr.* 2, p. 138) est voisine du *Pyrethrum corymbosum* Willd. (*Sp.* 3, p. 2155), et se rapproche encore davantage du *Pyrethrum Achillæ* DC. (*Prod.* 6, p. 57). Comme ce dernier il a les feuilles bipinnées à lobes aigus mucronés, profonds et écartés. Les lobes sont un peu plus larges que ceux que nous ont présentés des échantillons du *P. Achillæ*, récolté par Savi à *Pise* et publié sous le n° 2084 par Billot, ainsi que sur d'autres échantillons provenant des bois de *Monte-Gennaro* (Etats-Romains), récoltés par M. Warion. La plante de Pourret est hérissée sur les feuilles inférieures, et souvent les supérieures, à l'état jeune, sont cotonneuses en dessous, ce que je n'ai pas vu dans le *P. Achillæ.*DC.

Il faudrait cultiver ces plantes pour pouvoir bien apprécier leurs caractères dif-

N. 338. **Cistus nigricans** *foliis petiolatis lanceolatis , utrinque viscidis rugosis , margine fimbriatis , pedunculis axillaribus
multifloris bractealis , pedicellis divaricatis sub-umbellatis.* ♃ (1).
Dans les Corbières , à *Donos*.

C'est la même espèce dont parle J. Bauhin (*Hist. part.* 11,
pag. 11) , et qu'il appelle, *Ledum monspessulanum simile, folio
longiore et triplo latiore.*

N° 339. **Cistus glaucus** *foliis lanceolatis nervosis , breviter petiolatis , supernè lucidis glaucis , subtùs verò sub-incanis ;
floribus paniculato corymbosis ; foliis calycinis acutioribus densè
villosis.* ♃ (2).
Dans les bois de *Cascastel*.

Il faut bien se garder de confondre cette espèce avec le *Cistus
Ladaniferus* L., quoique M. Gouan et M. le chevalier de Lamarck,
dans la flore française, ne l'en aient pas distinguée.

N° 340. **Cistus hybridus** *foliis petiolatis, cordatis acuminatis margine fimbriatis , utrinque rugosis , læviter glutinosis ,
pedunculis longis axillaribus unifloris glabris.* ♃ (3).

Dans toutes les Corbières.

Cette espèce tient le milieu entre le *Cistus salviæfolius.* L.

férentiels ; dans tous les cas la plante de Pourret doit être rangée dans le genre
Pyrethrum et devrait porter le nom de *Pyrethrum tanacetifolium*; mais il y a dans
le Prodrome de De Candolle un *P. tanacetoides* DC. (*Prodr.* 6, p. 57) et un
P. tanacetum DC. (*Loc. cit., p.* 63), il est à craindre qu'en faisant un *P. tanacetifolium*, il n'y ait confusion dans la détermination de ces plantes , à cause de la
similitude des noms. Nous proposerions pour ceux qui ne veulent pas réunir cette
plante au *P. Achillæ*, de nommer cette espèce *P. Pourretii* Nob.

Cette plante est commune à *Narbonne* et dans les Corbières. Elle remonte sur le
versant méridional de la Montagne-Noire à *Conques*, à *Montolieu* (Aude), etc., etc.

(1) *Cistus nigricans* Pourr. (*Loc. cit., p.* 311 et *Cistog.* n° 15).
Cistus Ledon Lamk. (*Dict.* 2, p. 16) *non* Pourret.
Cistus monspeliensi-populifolius Timb. (*Acad. Toul. Ser.* 5, v. 5, p. 50).
(2) *Cistus glaucus* Pourr. (*Loc. cit., p.* 311).
C. ladaniferus Pourr. (*Cistog.* n° 12) *non* Linné.
C. Ledon Lamk. (*Dict.* 2, p. 17).
C. laurifolio-monspeliensis Timb. (*Acad. Toul. Ser.* 5, vol 5, p. 54).
(3) *Cistus hybridus* Pourr. (*Loc. cit., p.* 312).
C. corbariensis Pourr. (*Cistog.* n° 7).
C. salviæfolio-populifolius Timb. (*Mém. Acad. Toul. Ser.* 5, vol. 5 p. 48).

et le *Cistus populifolius* L. Elle est déjà connue dans plusieurs jardins et dans plusieurs herbiers, sous le nom de *Cistus corbariensis* P. Mais, comme elle est aussi propre à l'Espagne, nous avons jugé à propos d'en changer la dénomination, d'autant plus que, par les rapports intimes qu'elle a avec les deux espèces en question, on serait presque tenté de croire qu'elles ont concouru l'une et l'autre à former cette troisième espèce.

N° 341. **Cistus varius** *foliis lanceolatis, basi angustioribus, breviter petiolatis, utrinque rugosis, subtus tomentosis, margine crispis; pedunculis axillaribus bracteatis triflorisque.* ♃ (1).

Aux environs de *Narbonne*, à *Portel*.

Nota. M. de Jussieu a mis dans son herbier un échantillon d'un Ciste presque semblable au notre, sous le nom de *Cistus ladanifera florentina*. Scherard.

N° 342. **Cistus dubius** *foliis petiolatis oblongo-lanceolatis acutis, sub-cordatis, enerviis, suprà lœvibus, viscosis, subtus verò incanis; pedunculis axillaribus multifloris.* ♃ (2).

Dans les bois de *Cascastel*, aux environs de *Feste*.

Nous rapportons à cette espèce le *Cistus ledum salviæ-folio hispanicum* Barrel (*Ic.* 314).

N° 343. **Cistus pulverulentus** *foliis pulverulentis, inferrioribus spathulatis ovatis margine fimbriatis; superioribus oblongis connatis integrisque; pedunculis bifloris; calycibus acutis villosis; corollis crenulatis* ♃ (3).

---

(1) *Cistus varius* Pourret (*Loc. cit.*, p. 312) et (*Cistogr.* n° 17) (1783). Le *Cistus Pouzolzii* Del. est synonyme de cettte plante. Cette plante n'est pas le résultat d'un croisement, mais paraît constituer une bonne espèce.

(2) *Cistus dubius* Pourr. (*Loc. cit.*, p. 312); *C. Pechii* Pourr. (*Cist.* n° 7).
Cistus monspeliensi-laurifolius Timb. (*Mém. Acad. Toul. ser.* 7, v. 4, p. 632).
Nous avons rapporté autrefois le *C. Pechii* Pourr. au *Cistus monspeliensi-salviæfolius* Nob. Mais les recherches que nous avons faites depuis sur les lieux, à Cascatel, nous permettent d'assurer que cette hybride est formé par le *C. laurifolius* et le *C. monspeliensis* L., comme le *C. glaucus* Pourret, avec cette différence que les parents ont changé de rôle. Les organes de végétation appartiennent au *C. laurifolius* et ceux de reproduction au *Monspeliensis*, tandis que l'inverse se présente dans le *C. glaucus* de Pourret.

(3) *Cistus pulverulentus* Pourret (*Loc. cit.*, p. 312); *Cistus albido-crispus* G. G. (Fl. Fr. 1, p. 163); *C. crispo-albidus* Timb. (*Mém. Acad. Toul. Ser.* 5, v. 5, p. 46).

M. de Lapeyrouse a trouvé cette espèce sur les montagnes des environs d'*Aleth* et des bains de *Rennes*. Ce gîte quadre assez bien avec la description du *Cistus incanus* L. avec lequel plusieurs botanistes l'ont confondu ; mais les synonymes rapportés par Linné ne conviennent nullement à notre espèce.

N° 344. **Cistus rosmarinifolius** *foliis sessilibus, linearibus , acutis , margine revolutis ; pedunculis longis supernè umbellatis ; calycibus triphyllis ; capsulis quinque locularibus , oblongis , obtusis, pulverulentis* ♃ (1).

Dans la Catalogne , en allant de *Barcelone* au *Montserrat*.

Nota. Nons possédons plusieurs variétés de cette espèce, soit d'Espagne, de Portugal ou du Levant. Le *Cistus Libanotis* L. en est une.

N° 346. **Cistus helianthemum-maritimum** *caule tomentoso, foliis inf rioribus petiolatis lanceolatis , incanis enerviis ; superioribus sessilibus ; pedunculis multifloris ; pedicellis debilibus bracteatis ; calycibus acutioribus tomentosis* ♃. (2) .

Aux environs de *Barcelone*, du côté de la mer.

Cette espèce est très-distincte du *Cistus halimifolius* L. qui est le *Cistus folio halimi* 1 Clus (*Hist.*). Nous la rapportons au *Cistus halimifolio, flore luteo majore italicus* Barrel (*Ic.* 291).

Nota. Il est à propos de prévenir que dans notre *Cistographie* nous avons formé deux sections : la première est celle des Cistes proprement dits, la seconde celle des helianthemes. Les uns sont désignés sous la simple expression de *Cistus* ; les autres sous la double de *Cistus helianthemum.*

N° 347. **Cistus hel-alyssoïdes** *foliis sessilibus trinerviis , suprà hirsutis perforatis, subtùs verò sub-incanis , inferioribus sub-ovatis obtusis , superioribus oblongo-lanceolatis ; pedicellis axillaribus terminalibusque* ♃ (3).

---

(1) *Cistus rosmarinifolius* Pourr. (*Loc. cit., p.* 31) ; *C. rorismarinifolius* Pourr. (*Cistogr.* n° 19.). D'après M. Clos (*Pourr. et son Hist. des Cistes*) le *C. Bourgeanus* Coss. devrait être rapporté en synonyme à cette espèce.

(2) *Cistus helianthemum maritimum* Pourret (*Loc. cit., p.* 313). Sous ce nom Pourret a voulu grouper toutes les formes du *Cistus halimifolius* de Linné (*Sp.* 738), décrit par les anciens botanistes, notamment Clusius et Barrelier.

(3) *Cistus hel. alyssoides* Pourret (*Loc. cit., p.* 314) ; *Cistus alyssoides* Lamk. (*Dict.* 2, p. 20).

Dans le Roussillon, aux environs de *Collioures*, et dans la Catalogne, dans le voisinage de la mer.

Il y a plusieurs variétés de cette espèce, les unes d'Espagne, les autres du Portugal. Celle-ci est tout-à-fait semblable à celle que Belon a vu dans le Maine. Nous y rapportons le *Cistus alyssoïdes aquitanicus halimifolio* D. Fagon, cité par Tournefort dans son herbier.

N° 348. **Cistus hel. alpinum** *suffruticosus exstipulatus sub-procumbens diffusus, foliis variis petiolatis hirtis villosis, sublis vel utrinque tomentosis, rameis lanceolatis, caulinis inferioribus ovato-acutis ; floribus racemosis æqualibus ; petalis emarginatis* ♃ (1).

Cette définition vague comprend six variétés très-saillantes, dont Linné a fait six espèces distinctes ; savoir, 1° le *Cistus anglicus ;* 2° le *Cistus marifolius* ; 3° le *Cistus canus* ; 4° le *Cistus roseus* ; 5° le *Cistus italicus* ; 6° le *Cistus oëlandicus*.. Un examen scrupuleux des nuances qui séparent ces six espèces ou variétés, nous a prouvé qu'il était difficile de ne pas les réunir. Nous nous sommes néanmoins astreints dans notre *Cistographie* à les décrire toutes séparément, au cas que l'on nous fît un crime de les avoir réunies. On les trouve sur les montagnes.

N° 352. **Cistus hel. lavandulæfolium** *caule fruticoso erecto incano ; foliis stipulatis incanis ; infimis oblongis ; caulinis rameisque lineari lanceolatis, margine revolutis, fasciculatis, calycibus planis cordato acutis.* ♃ (2).

Dans la Calalogne.

N° 353. **Cistus hel. polymorphum** *suffruticosus stipulatus caulibus prostratis sub-simplicibus ; foliis variis suprà viridibus, inferioribus sub rotundis, superioribus oblongo-lanceolatis qua-*

---

(1) *Cistus hel. alpinum* Pourret (*Loc. cit., p.* 314). Pourret a renfermé dans ce groupe les espèces qu'il avait compris dans le groupe *marifolius, hispidus,* etc de sa *Cistographie.*

(2) *Cistus hel. lavandulæfolium* Pourr. (*Loc. cit., p.* 314). Ce groupe comprend les *H. lavandulæfolium et stæchadifolium* Brot. (*Lusit.* 2, p. 270) et *H. Thibaudi* Pers. (*Syn.* 2, p. 79).

druplò majoribus ; floribus secundis ; alterá parte bracteatis ; staminibus inermibus. ♃ (1).

Nota. Cette espèce comprend une foule de variétés du *Cistus Helinthemum* L. qui souvent par plusieurs botanistes ont été prises pour des espèces distinctes.

N° 354. **Cistus hel. dubium** *suffruticosus stipulatus , caulibus diffusis hirsutis ramosis, foliis variis venosis , inferioribus sub-cordatis ; capsulá calycibus majore* ♃ (2)

Dans les Corbières.

Cette espèce renferme plusieurs variétés, notamment le *Cistus nummularius* L. et le *Cistus serpyllifolius* de Crantz.

N° 355. **Cistus hel. hyssopifolium** *suffruticosus stipulatus caule diffuso ; foliis sub-lanceolatis distantibus hirsutioribus subtùs incanis ; stipulis laxis; floribus æqualibus racemosis laxis ; calycibus capsulá majoribus* ♃ (3).

Celle-ci renferme deux variétés ; savoir, 1° le *Chamæcistus luteus imis serpyllifoliis* Barrel. (*Ic.* 440), et 2° le *Chamæcistus supinus hyssopifoliis villosis.* Barrel (*Ic.* 818). Elles croissent toutes les deux dans nos Corbières.

N° 316. **Cistus hel. candicans** *suffruticosus stipulatus caulibus sub-erectis diffusisque ; foliis breviter pedunculatis , inferioribus brevioribus latioribusque , superioribus lineari lanceolatis*

---

(1) *Cistus hel. polymorphum* Pourr. (*Loc. cit., p.* 315). Ce groupe contient les formes que l'on peut réunir au *C. Helianthemum* L. (*Spec.* 744); *Helianthemum vulgare* Gœrt. (*Fruct.* 1, p. 76), telles que : *H. acuminatum* Pers. (*Syn.* 2, p. 79) ; *H. serpyllifolium* Mill. (*Dict.* n° 8); *H. grandiflorum* DC. (*Fl. Fr.* 4, p. 321); *H. obscurum* Pers. (*Syn.* 2, p. 79); *H. nummularium* Mill. (*Dict.* n° 11); *H. hyssopifolium* Ten. (*Prod. Nap. Suppl.* 68); *H. ovatum* Dun. *in DC. Prodr.* 1, p. 380); *H. roseum* DC. (*Fl. Fr.* 4, p. 147); *H. surrejanum* Mill. (*Dict.* n° 15).

(2) *Cistus hel. dubium* Pourret (*Loc. cit., p* 315). Groupe de l'*Helianthemum hirtum* Pers. (*Syn.* 2, p. 79); *H. majoranifolium* DC. (*Fl. Fr.* 5, p. 625) ; *H. hispidum* Dun. (*in DC. Prodr.* 1, p. 282).

(3) *Cistus hel-hyssopifolium* Pourret (*Loc. cit., p.* 315). Groupe qui renferme les *H. salicifolium* Pers. (*Syn.* 2, p. 78); *H. denticulatum* Thibaut (*in Pers. Syn.* 2, p. 78); *H. intermedum* Thib. (*in DC. Prodr.* 1, p. 272); *H. ledifolium* Willd. (*Spec.* 571).

utrinque sub-incanis margine revolutis supernè sulcatis ; floribus secundis ; staminibus sentientibus ♃ (1).

Nous avons réuni sous cette dénomination, 1° le *Cistus pilosus* L. 2° le *Cistus apenninus* L. 3° le *Cistus polifolius* L. Ces trois variétés sont communes aux environs de Narbonne , dans les lieux stériles et sur les montagnes.

N° 369. **Colchicum pyrenaicum** *foliis late lanceolatis, nervosis , plicatis, erectis* ♃ (2).

Dans toutes les Pyrénées.

Cette espèce diffère essentiellement du *Colchicum autumnale* L. qui a ses feuilles étroites et étalées , et qui croît abondamment dans tous les prés du Bas-Languedoc.

N° 375. **Convolvulus argenteus** *foliis lineari-lanceolatis , sessilibus , argenteis , ad exortum ramorum fasciculatis, cæterum sparsis ; floribus capitatis, calycibus sericeis ; caule erecto ramosissimo* ♃ (3).

Dans la Catalogne, au *Montserrat.*

Cette espèce est désignée dans l'*Itinéraire* manuscrit de MM.

(1) *Cistus hel. candicans* Pourr. (*Loc. cit., p.* 315). Ici sont groupés les *H. pilosum* L., *pulverulentum* DC., *rhodanthum* L., et toutes les espèces de cette section décrites ces dernières années par M. Jordan.

(2) *Colchicum pyrenaicum* Pourret (*Loc. cit., p.* 316;. Cette plante est rapportée par tous les auteurs au *Bulbocodium autumnale* Lap. (*Hist. Abr. Pyr.* p. 202); *Merendera Bulbocodium* Ram. (*Bull. Hist.* 1789). Commun dans toute la chaîne des Pyrénées.

(3) *Convolvulus argenteus* Pourr. (*Loc. cit., p.* 316). Cette plante , d'après M. Costa (*Fl. Cat.* p. 173), existe encore dans l'herbier Salvador, à Barcelone, sous le nom de *C. capitatus* Pourr., nom sous lequel elle a été décrite et figurée par Cavanilles (*Ic. rol.* 2, *t.* 189) ; elle a été distinguée aussi par Walh. (*Symb. III,* p. 331) en 1794, sous le nom de *C. saxatilis.* Mais antérieurement Desrousseaux, dans Lamarck. (*Dict. III, p.* 551), en avait donné une description sous le nom de *C. lanuginosus.*

Mais si on peut en juger sur des échantillons recueillis au Montserrat, seule localité citée par Pourret, cette plante appartient à la variété hérissée de longs poils blancs appliqués, que M. Boissier a nommée *C. lanuginosus β sericeus* (*Boiss. Voy. Esp.* p. 116), détermination adoptée par MM. Willkomm et Lange (*Prodr. Hisp.* p. 2, p. 316), tandis que De Candolle adopte le nom de *C. lanuginosus β argenteus* (*Prod.* v. 9, p. 401) ainsi que MM. Grenier et Godron (*Fl. Fr.* 2, p. 501), enfin DC. (*Fl. Fr. Suppl.* 424) et Lois. (*Fl. Gall.* 1, p. 166) considèrent cette plante comme une véritable espèce sous le nom de *Convolvulus linearis* DC.

Salvador et de *Jussieu*, sous le nom de *Convolvulus argenteus umbellatus supinus* Barrel (*Ic.* 470).

N° 382. Corrigiola telephiifolia *caule diffuso procumbente, foliis oblongo ovatis , ramis aphyllis , seminib is polygonis* ♃ (1).

Dans le Roussillon , aux environs du *Boulou* , sur les rochers qui bordent le grand chemin.

Cette espèce diffère du *Corrigiola littoralis* L. par son port, par ses feuilles , qui ne sont point linéaires ; par ses semences, qui ont plusieurs côtés, et ne sont point triangulaires, et par sa racine, qui est vivace au lieu d'être annuelle.

N° 392. Crepis polymorpha *caule ramoso , foliis variis, radicalibus oblongis, sinuatis ; caulinis hastatis , pinnatis , runcinato-pinnatifidis , amplexicaulibus ; rameis linearibus subulatis, dentatis ; calycibus tomentosis margine scariosis* ♃ (2).

A *Fontfroide, Laredorte, etc.* Dans les prés, les lieux couverts, et les endroits stériles.

Cette différence de sol donne à cette plante un port quelque · fois si singulier, que l'on serait tenté d'en séparer les variétés , si une observation constante et réfléchie ne nous avait convaincu que cette espèce est sujette à prendre des formes très-variées.

N° 624. Crepis taraxacoides *caule subramoso folioso sulcato ; foliis variis dentato-sinuatis ; calycibus laxis membranaceis ; radiis magnis* ♃ (3).

Au *Mont-Alaric* , près de Narbonne.

(1) *Corrigiola telephiifolia* Pourr. (*Loc. cit., p.* 316).

C'est une des espèces qui ont conservé le nom *princeps*, car ce nom est adopté par Lapeyrouse, par De Candolle, et enfin par MM. Grenier et Godron. Ces derniers auteurs, bien différents en cela de beaucoup d'autres, se sont efforcés de rendre à Pourret tout le mérite qui lui est dû en citant autant qu'ils l'ont pu les travaux de ce savant botaniste.

(2) *Crepis polymorpha* Pourr. (*Loc. cit., p.* 317).

Voyez au sujet de cette plante la note qui le concerne, dans l'*Itinéraire* pour les Pyrénées.

(3) *Crepis taraxacoides* Pourr. (*Loc. cit , p.* 317). C'est le *C. albida* Vill. (*Dauph.* 3, *p.* 139, *tab.* 33), synonyme confirmé par M. le Dr Bubani dans l'herbier de Madrid (*In litteris*). Lapeyrouse avait placé cette plante dans son genre *Lepicaune*.

Nous avions mal-à-propos autrefois rapporté cette plante au genre *Hypochœris*.

N° 393. **Cucubalus maritimus** *procumbens ramosus foliis ovalibus utrinque pilosis, capsulis obtusis* ♃ (1).

Lychnis maritima anglica Lob. (*Ic. 337*).

Dans les lieux saumâtres.

N° 407. **Cytisus villosus** *foliolis ovalibus, obtusis, lanuginosis, intermedio maximo* ♃ (2)

Aux environs de Narbonne , à *Fontlaurier*.

N° 408. **Cytisus virgatus** *foliolis acutis æqualibus , lœviter incanis ; caule erecto flaccido, ramis elongatis striatis* ♃ (3).

Cytisus incanus siliquâ longiore Tournef (*Inst*. 468).

Cette espèce se trouve dans les mêmes lieux que la précédente.

N° 410. **Cytisus lotoides** *caule prostrato suffruticoso valdè villoso, foliis ternatis fasciculatis, intermedio longiore; floribus 2-4 terminalibus ; leguminibus latis densè villosis* ♃ (4).

Dans la Catalogne , entre *Gérone* et la *Granolla*.

Le *Cytisus supinus* L. a quelque affinité avec celui-ci. Mais il est aisé de s'apercevoir en quoi ils diffèrent.

N° 445. **Dianthus pyrenaicus** *caule ramoso divaricato procumbente, squamis calycinis duabus subulatis, corollis acutè crenatis* ♃ (5).

(1) *Cucubalus maritimus* Pourr. (*Loc. cit.*, p. 317). Nous croyons devoir rapporter cette plante au *Silene maritima* With. (*Bot. Arrang*. 414), car la figure de Lobel, citée par Pourret, se rapporte exactement à cette plante.

(2) *Cytisus villosus* Pourr. (*Loc. cit.*, p. 317). C'est le *C triflorus* l'Her. (*Stirps*. 184), synonyme confirmé par M. le Dr Bubani dans l'herbier de Madrid (*In litteris*).

(3) *Cytisus virgatus* Pourr. (*Loc. cit*, p. 317). Nous est inconnu.

(4) *Cytisus lotoides* Pourr. (*Loc. cit*, p. 318). C'est le *C. prostratus* Scop. (*Carn.* 2, p. 70), synonyme confirmé par M. le Dr Bubani dans l'herbier de Madrid (*In litteris*). C'est une bonne espèce commune dans les bois du bassin Sous-Pyrénéen, tandis que le *C. supinus* L. ne croît que sur les premiers contreforts des Pyrénées (*Boussens, Aspet, Saint-Marlory, etc.*).

(5) *Dianthus pyrenaicus* Pourr. (*Loc. cit.*, p. 318). C'est le *D. attenuatus* Smith. (*Act. Soc. Linn.* 2, p. 301); *D. longiflorus* Lamk. (*Dict.* 4, p. 522).

Dans les Pyrénées, au bois de la *Matte*, à *Llaurenti*, etc.

N° 454. **Echium pyrenaicum** *caule simplici nano* ♃ (1).
A *Bugarach*, *Llaurenti*, etc.

N° 469. **Erigeron glutinosum** L. *Flore luteo* (2).
Cette plante convient fort bien en général à la description qu'en donne Linné, mais les fleurs sont jaunes. Elle croit abondamment sur les rochers du *Montserrat*.

N° 471. **Erigeron crispum** *caule paniculato læviter tomentoso ; paniculâ terminali ; pedunculis unifloris ; foliis villosis , alternis crispis basi tantum ciliatis.* ☉ (3).
Dans les champs, à *Narbonne*, *Montpellier*, etc.

Nota. MM. Linné, Gouan et plusieurs autres , ont confondu cette espèce avec l'*E. canadense*, qui est également commune dans les champs aux environs de Narbonne et de Montpellier. Mais ce dernier diffère du nôtre par sa hauteur, qui est de 2-4 fois plus considérable par sa tige, qui est striée et hérissée de poils forts et rudes. Ses feuilles sont également rudes sur les côtés, mais lisses sur les deux surfaces, et ses fleurs, qui sont trois fois plus petites , sont disposées en panicule rameuse le long de la tige et dans les aisselles des feuilles.

N° 472. **Euphorbia oleæfolia** *Tithymalus oleæfolio Narbonensis* Tournef ♃ (4).

(1) *Echium pyrenaicum* Pourr. (*Loc. cit. , p.* 318). Nous considérons cette plante comme une forme naine et à tige simple de l'*Echium megalanthos* Lap. (*Hist. Abr. Pyr. Suppl.* p. 29) : *E. longe-stamineum* Pourr. (*Chl. Hisp.* n° 611).
Cette espèce, peu connue, est assez répandue dans les Pyrénées. Dans la région alpine elle prend la forme naine signalée par Pourret ; ses fleurs sont plutôt d'un bleu pâle que blanches, ses étamines sont saillantes et d'un rose carminé. C'est à tort qu'on l'a confondue avec l'*E. violaceum* L. (*Mant.* 202) avec lequel elle n'a que des rapports éloignés.

(2) *Erigeron glutinosum* L. β. Pourr. (*Loc. cit., p.* 318). Cette plante, rare en France, abonde en Catalogne. Elle porte aujourd'hui le nom de *Jurinea glutinosa* DC. (*Prodr.* 5, p. 476).

(3) *Erigerum crispum* Pourr. (*Loc. cit., p.* 318). Synonyme bien connu : *Conyza ambigua* DC. (*Fl. Fr.* 5, p. 468). Cette plante prend chaque année une extension plus grande vers le nord. Elle habite de préférence les alentours des villes et des villages comme l'*Urtica dioica* L ; le *Lappa minor* L. ; le *Polygonum aviculare* L., et aussi, depuis peu, le *Chenopodum ambrosioides* L. et le *Crepis setosa* Hall.

(4) *Euphorbia oleæfolia* (*Loc. cit., p.* 319). C'est l'*E. niceænsis* All. (*Fl. Ped.* 1, p. 285, *tab.* 69, *fig* 1). La découverte en est due à Tournefort, qui le premier l'a bien caractérisée.

Cette plante est citée dans le *Flora Monspeliaca*, sous le nom d'*E. amygdaloides*; mais elle doit en être très-fort distinguée. On la trouve communément dans les lieux pierreux et sur les bords des vignes, à *Narbonne*, *Montpellier*, etc.

N° 491. **Festuca splendens.** *Gramen valesianum tenuifolium*, *paniculá spicatá viridi argenteá splendente* Scheuchz, (*Agr.* 169). ⊙ (1).

A Narbonne, au *Pech de l'Agnele* et sur les montagnes adjacentes.

N° 493. **Festuca filiformis** *culmo tetragrono, foliis filiformibus, paniculá coarctatá filiformi* ♃ (2).

A Narbonne, à la *Clape.*

N° 499. **Festuca heteromalla.** *Gramen pratense paniculatum elatius, paniculá laxá heteromallá* Scheuchz (*Agr.* 288). ⊙ (3).

A *Narbonne*, dans les prés.

N° 551. **Geranium rupestre** *foliis bipinnatis laciniatis glabris variegatis radicalibus; pedunculis aphyllis multifloris; corollis guttatis* ♃ (4).

Au *Montserrat.*

Cette espèce diffère essentiellement du *Geranium petræum* de M. Gouan, par son odeur agréable, par ses fleurs, qui sont plus petites et tachées, et par ses feuilles, qui sont lisses, grisâtres et panachées de rouge.

(1) *Festuca splendens* Pourr. (*Loc. cit.*, p. 319). C'est le *Kœleria setacea* DC. (*Hort. monsp.* p. 118); *Poa pectinacea* Lamk. (*Illustr.* 1, p. 183); *Keleria setacea* β. *ciliata* G. G. (*Fl. Fr.* 3, p. 528). Synonyme bien connu.

(2) *Festuca filiformis* Pourr. (*Loc. cit.*, p. 319). C'est le *Psilurus nardoides* Trin. (*Jund. Agrost.* 93). La diagnose si claire de Pourret et l'habitat de cette espèce ne peuvent laisser aucun doute sur l'exactitude de ce synonyme.

(3) *Festuca heteromalla* Pourr. (*Loc. cit.*, p. 319). Les auteurs rapportent cette plante au *F. pratensis* Huds., cependant Pourret dit sa plante annuelle. Nous avons déjà parlé de cette espèce (*Mém. Acad. Toul. Ser.* 7, vol. 6, p. 641).

(4) *Geranium rupestre* Pourr. (*Loc. cit*, p 319). C'est le *G. supracanum* L'Hérit. *G. rupestre* Cav. (*Diss.* 4, *tab.* 90, *fig.* 4). Cette espèce se trouvait dans l'herbier Chaix avec une étiquette de Pourret. Les habitants du Montserrat, où elle est commune, lui donnent le nom de *Caryola* ou *Carayola* d'après M. Costa (*Fl. Cat.*, p. 46).

N° 502. **Geum sylvaticum** *floribus nutantibus, petalis calyce majoribus luteis , seminibus acutis recurvis breviter villosis* ♃ (1).

A *Fontfroide, Donos,* etc.

N° 558. **Gnaphalium rupestre** *basi frutescente , foliis linearibus candidissimis crispis, floribus cespitosis.* ♃ (2).

A *Narbonne,* sur les rochers voisins de la mer , à *Sainte-Lucie,* etc.

N° 559. **Heracleum pyrenaicum** *foliis variis , trilobis , quinquelobis , pinnatifidisque , subtus incanis* ♃ (3).

A *Montlouis,* dans les prés.

M. Cusson regardait cette espèce comme très-distincte de l'*Heracleum alpinum* L.

(1) *Geum sylvaticum* Pourr. (*Loc. cit., p* 319) Quelques auteurs le réunissent au *G. atlanticum* Desf. (*Atl.* 1, p. 401). D'après des échantillons incomplets de la plante d'Afrique que nous devons à l'obligeance de M. Munby, nous sommes portés à croire qu'elle diffère de celle de Pourret par sa taille plus élevée, sa tige garnie de feuilles très-nombreuses, ses fleurs plus nombreuses et plus petites ; toute la plante, en outre, est plus hérissée. Cependant, comme nous ne l'avons jamais vue vivante ni pu la soumettre à des essais de culture comparatifs, nous ne pouvons décider franchement cette question.

(2) *Gnaphalium rupestre* Pourr. (*Loc. cit., p.* 320). C'est l'*Helichrysum decumbens* Camb. (*Fl. Bal.* p. 99). Synonyme confirmé par M. Bubani dans l'herbier de Madrid (*In litteris*).

(3) *Heracleum pyrenaicum* Pourr. (*Loc. cit., p.* 320). On attribue généralement cette plante à Lamarck (*Dict* 1, p. 403) qui se l'est appropriée tout en citant la diagnose de Pourret et en ajoutant qu'elle lui a été communiquée avec des notes.

Sous ce nom, les auteurs modernes confondent plusieurs formes qui nous paraissent devoir être élevées au rang d'espèces et dont la synonymie est fort embrouillée par suite de la mauvaise habitude d · beaucoup de floristes de copier leurs prédécesseurs sans étudier en nature le sujet qu'ils ont en vue. Quoi qu'il en soit, la plante signalée par Pourret à *Montlouis* est le véritable type de l'*H. pyrenaicum* Pourr. ; il nous paraît caractérisé spécifiquement par ses fruits petits, ovoides-arrondis, convexes en dessus, à canaux résinifères courbés; et par ses feuilles à trois lobes surdentés. A côté de ce type vient se placer l'*H. amplifolium* Lap., que l'on lui réunit et qui en diffère par ses fruits plus gros et plus longs que larges; par ses fleurs rosées et par ses feuilles très-grandes dentées d'une autre façon. Nous n'en dirons pas davantage pour le moment car nous nous proposons de revenir dans un travail d'ensemble sur ces deux espèces et sur quelques autres affines des Corbières et de la Montagne-Noire.

N° 584. **Hieracium pilosissimum** *caule unifloro, foliis ovalis pilosis, pilis densè candidis.* ♃ (1).

A *Saint-Paul de Fenouillet*, au pont de la *Fou*.

Cette espèce doit être séparée de l'*Hieracium murorum* L.

N° 594. **Hieracium sericeum** *caule spithameo corymboso; foliis alternis lineari-lanceolatis, integerrimis, uti tota planta longè sericeis* ♃ (2).

A *Llaurenti*, à *Carol*.

Nous avons reçu cette espèce, en 1782, de M. de Lapeyrouse; il l'avait apportée des montagnes de Barèges.

N° 600. **Hordeum maritimum** *spicâ lobatâ* ⊙ (3).

Gramen hordeaceum minimum Barrel (*Ic.* CXI, n° 1).

A *Narbonne*, dans les terres saumàtres.

N° 625. **Iberis panduræ-formis** *caule basi ramoso, foliis panduræ formibus succulentis, obtusè dentatis; floribus umbellatis.* ⊙ (4).

Dans les Corbières, à *Auriac*, *Soulages*, etc.

(1) *Hieracium pilossissimum* Pourr. (*Loc. cit.*, p. 320). (*Voyez au sujet de cette plante la note de l'Itinéraire pour les Pyrénées*).

(2) *Hieracium sericeum* Pourr. (*Loc. cit.*, p. 320). Cette plante n'est pas l'*H. sericeum* que Lapeyrouse a décrit plus tard sous ce nom. La diagnose de Pourret se rapporte mieux à l'*H. mixtum* Frœl. (*Ap. DC. Prodr.* 7, p. 216) que Lapeyrouse confondait avec son espèce.

(3) *Hordeum maritimum* Pourr. (*Loc. cit.*, p. 320). Cette plante avait déjà été décrite en 1776 par Withering (*Agrost. Arrang.* 178) sous ce même nom ; mais Pourret ne connaissait pas l'ouvrage de ce botaniste et si le nom qu'il a donné à sa plante est le même, c'est que l'habitat de cette graminée au bord de la mer a dû engager les deux auteurs à lui donner une épithète semblable. Elle avait été assez mal figurée par Barrelier, mais Allioni (*Fl. Ped.* 2, p. 259, *tab.* 91, *fig.* 3) en fit un assez bon dessin sous le nom de *H. geniculatum*.

Commune sur les côtes de la Méditerranée, elle s'avance assez loin quelquefois dans les terres. On en trouve deux formes : l'une à glumelle inférieure glabre, l'autre, plus commune dans le Midi que la précédente et dont on a fait une espèce (*H. pubescens* Guss. *Prodr.* 1, p. 144) qui a la même glumelle pubescente.

(4) *Iberis panduræformis* Pourr. (*Loc. cit.*, p. 320). Nous avons dit ailleurs (*Bull. Soc. Scienc. Phys. Nat. Toul.*, vol I, p. 374), et avec M. Jordan (*Obs. Bot.*, fasc. 6, p. 67), que cette plante constitue une espèce bien tranchée du groupe ancien de l'*I. amara* L.

N° 628. **Iberis cepææfolia** *herbacea foliis cuneiformibus obtusis ciliatis , carnosis, floribus corymboso-umbellatis purpureis* ♃ (1).

Dans les Pyrénées , à *Eynes* , *Nouris* , etc.

Cette espèce est très-distincte de l'*Iberis umbellata* L. M. de Lapeyrouse nous l'avait communiquée en 1782.

N° 630. **Illecebrum herniarioides** *caulibus repentibus , foliis ovatis ciliatis , stipulis quaternis brevioribus ; floribus capita- tis ; bracteis obtusis* ♃ (2).

A *Fontlaurier* , *Fontfroide* , etc.

Cette espèce ne saurait être confondue avec l'*Illecebrum capi- tatum* L. et ne peut convenir à l'*Ill. Paronychia* L.

N° 531. **Illecebrum argenteum** *caulibus pinnatis ; foliis lanceolatis sub acutis glabris ; stipulis ternis ; floribus lateralibus ; bracteis lanceolatis aristatis* ⊙ (3).

A *Narbonne*, sur les rochers arides.

Cette espèce, avait, jusqu'à présent été confondue avec l'*Ille- cebrum Paronychia* L.

N° 636. **Inula dubia** *foliis pilosis , radicalibus lanceolatis , caulinis oblongis, semi amplexicaulibus ; caule sub-unifloro* ♃ (4).

(1) *Iberis cepæœfolia* Pourr. (*Loc. cit.*, p. 321). C'est l'*I. spathulata* Berg. (*Phys. Ic.*) ; *I. carnosa* Willd. (*Spec.* 3, fol. 455) ; *Thlaspi alpinum portulaccæ folio* Tournef.

(2) *Illecebrum herniarioides* Pourr. (*Loc. cit.* , p. 321). C'est le *Paronychia serpyllifolia* G. G. (*Fl. Fr.* 1, p. 610). Ce synonyme a été confirmé par M. le Dʳ Bubani dans l'herbier de Madrid (*In litteris*).

Néanmoins nous ne donnons ce synonyme qu'avec quelques hésitations en en laissant toute la responsabilité à M. le Dʳ Bubani, dont la profonde connaissance des plantes pyrénéennes n'est ignorée de personne. En effet, le *P. serpyllifolia* est une plante alpine qui ne vient pas à *Fontlaurier* ni à *Fontfroide* , où abonde en revanche l'*Illecebrum capitatum* L. et *niveum*.

(3) *Illecebrum argenteum* Pourr. (*Loc. cit.*, p. 321). C'est le *Paronychia nivea* Lamk (*Dict.* 5, p. 25).

(4) *Inula dubia* Pourr. (*Loc. cit.*, p. 321). C'est l'*I. helenioides* DC. (*Fl. Fr.* 5, p. 470).

Ne croyant pas que l'*I. helenioides* croissait aux environs de Narbonne et dans les Corbières, j'avais autrefois réuni l'*I. dubia* Pourr. à l'*I. montana* L. Depuis notre ami *M. Baillet* ayant trouvé cette plante dans la région, et M. Grenier, après une visite à l'herbier de Pourret au Muséum, nous ayant affirmé que sa plante était bien réellement l'*I. helenioides* DC, nous nous empressons de rectifier notre erreur.

Sur les tertres , à *Narbonne*, notamment à *Pastouret*.

Je soupçonne aujourd'hui que cette plante pourrait bien n'être qu'une variété de l'*Inula Oculus Christi* L.

N° 653. **Juncus aureus** Hall. (*Hist. n°* 329) ♃ (1).
A *Llaurenti*.

N° 664. **Lactuca tenerrima** *caule ramosissimo aspero ; ramis unifloris squamosis ; foliis inermibus , inferioribus lineari- buspinnatifidisve , laciniis infernè dentatis , cæteris linearibus ; pappo stipitato coronato* ♃ (2).

A *Narbonne* , à la mer et à *Saint-Paul de Fenouillet* , dans les champs.

Ses semences sont ovales , pointues, aplaties et brunes.

N° 665. **Lamium grandiflorum** *caule ramoso ; foliis cor- datis acutis, inæqualiter obtusèque dentatis ; verticillis 12-floris ; calycibus spinosis corollâ triplò longioribus* ♃ (3).

Dans les Corbières , à *Tauch*, à *Bugarach* , *Saint-Antoine de Galamus,* etc.

Cette espèce nous paraît différente du *Lamium Orvala* L. cul- tivé au jardin du Roi.

N° 726. **Linum pyrenaicum** *floribus nutantibus ; calyci- bus capsulisque inermibus ; foliis alternis pungentibus ; caule bra- chiato , ramis lateralibus sterilibus* ♃ (4).

Dans les Pyrénées , à *Salvanère, Llaurenti, Eynes.*

---

(1) *Juncus aureus* Pourr. (*Loc. cit., p.* 321). C'est le *Luzula aurea* DC. (*Fl. Fr.* 3, p. 216). Cette plante abonde à la vallée d'*Eynes*.

(2) *Lactuca tenerrima* Pourr. (*Loc. cit., p.* 321). Nom adopté aujourd'hui.

(3) *Lamium grandiflorum* Pourr. (*Loc. cit., p.* 322). Les auteurs, jusqu'à ce jour, ont rapporté cette plante au *L. maculatum* L. (*Spec.* 809), mais nous avons dit ail- leurs (*Bull. Soc. Scienc. Phys. Nat. Toul*, vol 1, p. 376) qu'elle constitue une bonne espèce à laquelle il faut rapporter comme synonyme le *L. longiflorum* Ten. (*Fl. Nap Prodr.* 34).

(4) *Linum pyrenaicum* Pourr. (*Loc. cit., p* 322). Nous avons rapporté autrefois cette plante au *L. ambiguum* Jord., mais une étude plus approfondie de la diagnose de Pourret nous engage aujourd'hui à réunir cette espèce au *L. salsoloides* Lamk. (*Dict.* 3, p 521. Elle est commune dans les Corbières et sur le versant méridional de la Montagne-Noire.

Nº 759. **Melica amethystina** *paniculâ pyramidali, ramis floribusque erectis , petalis exterioribus ciliatis membranaceis colaratis* ♃ (1).

A *Saint-Paul de Fenouillet* , au pont de la *Fou*, à *Saint-Antoine*, etc.

Cette espèce ne convient pas au *Melica nutans*, et est distincte du *Melica pyramidalis* de M. le chevalier de Lamarck.

Nº 785 **Myagrum procumbens** *siliculis sulcatis hirtis ; foliis lyratis; ramis divaricatis* ⊙ (2).

A *Narbonne*, dans les champs.

Nº 788. **Myosotis pyrenaica** Hall. (*Hist.* nº 591) (3).

Nº 789. **Narcissus glaucifolius** *angustifolius albus minor* Tournef. (*Inst. 355*) (4).

A Narbonue , à la *Clape*.

Il ne faut pas confondre cette espèce avec le *Narcissus dubius* de M. Gouan.

Nº 890. **Œnanthe chærophylloides** *filipendula tenuifolia* Tabern. (*Ic. 441*) (5).

A *Fontlaurier , Donos* , etc.

Cette espèce diffère par son port , ses feuilles et ses semences de l'*Œnanthe pimpinelloides* L.

(1) *Melica amethystina* Pourr. (*Loc. cit., p.* 322). (*Voyez au sujet de cette espèce les notes de l'Itinéraire*).

(2) *Myagrum procumbens* Pourr. (*Loc. cit., p.* 322). Ce n'est qu'une forme du *M. rugosum* All. à silicule hérissée striée.

(3) *Myosotis pyrenaica* Pourr. (*Loc. cit , p.* 322). Bonne espèce adoptée.

(4) *Narcissus glaucifolius* Pourr. (*Loc. cit., p.* 322). Quoiqu'on ait émis des doutes sur la réalité de cette espèce, parce qu'on ne l'a pas retrouvée à la *Clape* , il est démontré pour nous que cette plante , suffisamment caractérisée par la diagnose de Pourret, qui malgré son peu d'étendue n'en est pas moins claire, doit être conservée en lui rapportant comme synonyme le *N. patulus* Lois. (*Note* 52 et *Fl. Gall.* 1, p. 235).

(5) *Œnanthe chærophylloides* Pourr. (*Loc. cit., p.* 323). Nous avons dit ailleurs (*Bull. Soc. Hist. Nat. Toul* , 2, p. 100) les raisons qui nous font donner comme synonyme à cette plante l'*Œ. silaifolia* Bieb. (*Fl. Taur. Cauc.* 3, p. 232).

N° 835. **Passerina tinctoria** *foliis linearibus obtusis tomen-tosis ; floribus axillaribus sessilibus* ♃ (1).

Dans la Catalogne, aux environs d'*Abreca* , en allant de Bar-celone au Montserrat.

Cette espèce est désignée dans l'itinéraire de MM. Salvador et Jussieu , sous le nom de *Thymelæa species Myconi quæ forte quoad semen, Thymelæa pyrenaica juniperifolia ramulis surrectis* Tournef. Mais nous croyons que ce synonyme conviendrait beaucoup mieux au *Daphne calycina* , décrit par M, Lapeyrouse, dans le premier volume des Mémoires de l'Académie de Tou-louse.

Notre arbrisseau s'élève à deux ou trois pieds de haut. Ses feuilles sont oblongues , étroites , épaisses , velues , pulvérulen-tes et de couleur cendrée d'abord , verdâtre ensuite. Ses fleurs sont jaunes. Les teinturiers Catalans se servent de toute la plante pour teindre en jaune , comme en Languedoc on se sert du *Daphne Gnidium* L.

N° 857. **Phalaris ciliata** *paniculâ spicatâ cylindraceâ oblongâ , glumis ciliatis pubescentibus , floribus breviter peduncu-latis* (2).

Elle croît à la mer sur les sables.

(1) *Passerina tinctoria* Pourr. (*Loc. cit., p.* 323). Espèce adoptée.

(2) *Phalaris ciliata* Pourr. (*Loc. cit., p.* 323).

MM. Grenier et Godron ont rapporté la plante ainsi nommée par Pourret à l'*Anthoxantum odoratum* L. (*Fl. Fr.* 3, p. 442) et aussi au *Kœleria villosa* Pers. (G. G *Fl. Fr.* 3, p. 528). Ce dernier synonyme a été confirmé par M. le Dr Bubani -dans l'herbier de Madrid (*In litteris*).

La figure 4 de Gérard, citée par Pourret, représente , en effet, une forme du *K. villosa* Pers. à épis plus courts, à glumes et glumelles moins allongées et moins atténuées en pointe au sommet, à poils plus courts et moins nombreux, forme qui croît mêlée au type dans les sables maritimes.

Cette même figure a servi de base à Villar (*Fl. Dauph.* 2, p. 66) pour créer son *Alopecurus Gerardi* avec une plante des Alpes. Mais cette plante diffère beaucoup de la figure citée et n'a de l'espèce de Gérard que le facies.

Pour faire disparaître cette erreur de Villar et éviter la confusion que produit le nom de Gérard ainsi appliqué à tort, nous pensons qu'il serait bon de changer le nom de l'espèce. Nous proposerons de la nommer *A. Villarii* pour rappeler ainsi la mémoire de l'auteur de la découverte , et d'effacer tous les synonymes qui se rapportent à la plante méditerranéenne.

M. Gérard l'a figurée dans la Flore de Provence , pag. 77, n° 4 , tab. 1.

N° 861. **Phalaris arenaria** *paniculâ ovatâ spiciformi , glumis pubescentibus , floribus sessilibus* ☉ (1).

A la mer.

Cette espèce a tout le port du *Phleum arenarium* L. , mais elle en diffère par la forme de ses balles.

N° 866. **Phleum arvense**. *Gramen typhoides asperum alterum* C. B. (*Hist. p. 4*) ♃ (2).

A *Narbonne*, dans les champs.

Plusieurs auteurs ont confondu cette plante avec le *Phleum pratense* L. ; d'autres la rapportent au *Phalaris phleoides*. Mais certainement elle ne doit pas être séparée du genre *Phleum*.

N° 867. **Phleum ciliatum** *paniculâ ovato-oblongâ, glumis aristatis pubescentibus ciliatis , culmo foliisque villosis* ☉ (3).

A la mer.

Malgré l'assertion de plusieurs botanistes , cette plante ne saurait être confondue avec le *Phleum arenarium* L.

N° 869. **Phyteuma crispa** *caulibus cespitosis, foliis ciliatis crispis linearibus obtusis , radicalibus in rosulam aggregatis, cæteris alternis, capitulo globoso multifloro* ♃ (4).

Dans les Pyrénées , à *Eynes, Madres, Llaurenti , Carol,* etc.

N° 873. **Pinus maritima** C. B. ♃ (5).

A *Fontlaurier* et dans toutes nos Corbières.

---

(1) *Phalaris arenaria* Pourr. (*Loc. cit., p.* 323). Cette plante est peut-être le *Phleum tenue* Schrad. (*Gram.* 1, p. 488) ; mais, dans l'état actuel de nos connaissances, nous n'oserions l'affirmer.

(2) *Phleum arvense* Pourr. (*Loc. cit., p.* 324). C'est le *Phleum pratense* L. (*Spec.* 79).

(3) *Phleum ciliatum* Pourr. (*Loc. cit., p.* 324). C'est le *Phleum Bœhmeri* Wibel. (*Prim. Fl. Werth.* p. 125).

(4) *Phyteuma crispa* Pourr. (*Loc. cit., p.* 324). Synonyme bien connu *Jasione humilis* Pers. (*Syn.* 2, p. 215).

(5) *Pinus maritima* Pourr. (*Loc. cit., p.* 324). Espèce bien connue.

N° 874. **Pinus rubra** Mill. ♃ (1).

Nous croyons que c'est l'espèce de pin qui croît au sommet de toutes les Pyrénées.

N° 880. **Plantago Gerardi** ♃ Ger. (*Gall. Prov.* 333, n° 4, fig. 12) (2).

N° 882. **Plantago pilosa** *foliis lanceolatis linearibus nervosis pilosisque ; scapo tereti villoso ; spicâ oblongo-cylindricâ erectâ* ⊙ (3).

Holosteum salmanticum pusillum annuum Grisl. (*Virid. Lusitan*).

A *Narbonne* , dans les terres sablonneuses.

N° 884. **Plantago monosperma** *foliis lineari-lanceolatis sericeis, scapum æquantibus ; spicâ ovatâ ; capsulis monospermis* ♃ (4).

Dans les Pyrénées, à *Nouris*, *Eynes*, *Anas*, etc.

N° 889. **Poa maritima** *paniculâ diffusâ, spiculis cylindricis sub-quadrifloris ; foliis arundinaceis convolutis* ♃ (5),

(1) *Pinus rubra* Pourr. (*Loc. cit.*, *p.* 324). C'est le *P. uncinata* Ram. (*in DC. Fl. Fr.* 3, p, 720); *P. sanguinea* Lap. (*Hist. Abr. Fl. Pyr.* 587). Miller, en 1799 (*Dict.* n° 3), avait déjà donné le nom de *P. rubra* au *P. silvestris* L.

(2) *Plantago Gerardi* Pourr. (*Loc. cit.*, *p.* 324). C'est en 1783 que Pourret lisait ce travail à l'Académie, mais il ne fut imprimé qu'en 1788. Or, en 1786, Chaix (*in Vill. Dauph.* 1, p. 376) nommait cette même plante *Pl. argentea*, et comme depuis longtemps avant cette date Pourret avait communiqué des plantes et des notes à Chaix et à Villar, ainsi qu'on peut s'en convaincre en consultant l'herbier du premier de ces botanistes, on voit, une fois de plus, le peu de délicatesse de ces savants.

(3) *Plantago pilosa* Pourr. (*Loc. cit.*, *p.* 324). Cette espèce a été nommée en 1785 *Pl. Bellardi* All. (*Fl. Ped.* 1, p. 82, fig. 3).

(4) *Plantago monosperma* Pourr. (*Loc. cit.*, *p.* 325). (*Voyez au sujet de cette plante la note de l'Itinéraire*).

(5) *Poa maritima* Pourr. (*Loc. cit.*, *p.* 325). MM. Grenier et Godron (*Fl. Fr.* 3, p. 535) rapportent cette plante au *Glyceria convoluta* Fries. (*Mant.* 3, p. 175), et plus loin (*Loc. cit.*, *p.* 555), au *Scleropoa maritima* Parl. (*Fl. Ital.* 1, p. 468). Evidemment, en présence de la diagnose trop succincte de Pourret, ces auteurs ont craint de se prononcer, car les deux espèces qu'ils donnent comme synonyme au *Poa maritima* Pourr. croissent également aux environs de Narbonne, dans les lieux saumâtres, et lui conviennent autant l'une que l'autre. Nous avouons, faute de ne pouvoir consulter l'herbier de Madrid, partager le même embarras pour trancher définitivement la question,

A *Narbonne*, dans les terres saumâtres.

N° 897. **Polygala rupestris** *floribus axillaribus sub-pani-culatis pendulis ; caulibus suffruticosis ramosis ; foliis lineari-lanceolatis margine revolutis* ♀ (1).

A Narbonne, à la *Clape* et au *Pech de l'Agnelo*. Nous l'avons aussi observée dans la Catalogne, du côté d'*Aleille*.

Sur l'assertion de plusieurs botanistes, à qui nous avons communiqué cette plante, nous l'avons considérée longtemps comme le *Pol. mycrophylla* L. Mais depuis que nous possédons cette dernière dans notre herbier, nous pouvons assurer que ces deux plantes n'ont aucun rapport entre elles.

N° 991. **Potamogeton polygonifolium** *foliis petiolatis ovato lanceolatis, nervosis, nutantibus ; spicâ brevissimâ* (2).

A *Fontlaurier*, dans le ruisseau du sommet de la montagne.

N° 905. **Potentilla corymbosa** *caule suffruticoso adscendente ; foliis quinatis, ternatisque villosis, foliolis linearibus ; stipulis petiolo longioribus ; floribus corymbosis* ♀ (3).

Dans la Catalogne, à la *Granotta*, à *Barcelone*, etc.

N° 916. **Potentilla maculata** *floribus guttatis ; foliis radi-*

(1) *Polygala rupestris* Pourr. (*Loc. cit.*, p. 325) Espèce adoptée.

(2) *Potamogeton polygonifolium* Pourr. (*Loc. cit.*, p. 325). En 1852, avec notre ami Delort de Mialhe, nous avons trouvé cette plante à *Fontlaurier* et nous l'avions rapportée au *P. rubescens* Schrad. (*in Cham. Adn. ad Kemth. Fl. Berol.*, p. 5), détermination confirmée par M. le Dr Bubani dans l'herbier de Madrid (*In litteris*). Nous ne saurions donc partager l'opinion de MM. Grenier et Godron (*Fl. Fr.* 3, p. 312) qui réunissent la plante de Pourret au *P. oblongus* Viv. (*Fragm. Ital.* 1, tab. 2).

(3) *Potentilla corymbosa* Pourr. (*Loc. cit.*, p. 325). C'est le *P. hirta* L. (*Spec.* 712).

Dans le midi, suivant son habitat, cette plante varie beaucoup dans toutes ses parties. Tantôt les tiges atteignent à peine un décimètre de longueur, et les pétales, très-courts, égalent à peine la longueur des sépales et du calicule; c'est alors le *P. pilosa* DC.; tantôt les lobes des feuilles sont très-étroits et peu dentés, c'est alors le *P. angustifolia* DC.; tantôt enfin la plante est luxuriante, les tiges atteignent 2-3 décimètres et sont multiflores, les fleurs sont en corymbe, les pétales sont très-grands, d'un jaune magnifique et dépassent longuement les sépales ; nous avons alors le *P. corymbosa* Pourr., et le nom typique *P. hirta* L. s'applique aux formes intermédiaires. Dans les environs de *Baynuls* on peut récolter toutes ces diverses modifications du type.

— 138 —

calibus quinatis, cuneiformibus, profundè serratis, villosis, cauli-
nïs trifidis oppositis ♃ (1).

Quinque folium minus repens aureum Scheuchz (*It. V, p. 427*).
Dans les Pyrénées, à *Llaurenti*, *Pallières*, etc.

N° 937. **Ranunculus geraniifolius** (2).

Ce n'est peut-être qu'une variété à fleurs jaunes du *Ranunculus alpestris* L. La description de ' inné quadre parfaitement
avec notre plante. Mais celle-ci est très-différente du *Ranunculus alpestris* de M. Scopoli, que ce savant a bien voulu nous communiquer.

N° 952. **Rosa glauca** *germinibus ovalis glabris ; calycibus hispidis ; pedunculis spinulosis; caule petiolisque aculeatis; foliolis quinis et septenis ovato-lanceolatis glaucis* ♃ (3).

Dans les Pyrénées.

Il faut bien se garder de confondre cette espèce avec le *Rosa
alba* L.

N° 960. **Rubus inermis** *caule fruticoso inermi, tomentoso tereti, foliis ternatis subtùs tomentosis* ♃ (4).

Les environs de *Barcelone*.

Ne serait-ce qu'une variété du *Rubus fruticosus* L.

N° 965. **Ruta tenuifolia** *Ruta sylvestris minima* Dod. (*Pempt. 120*) (5).

Au *Pech de l'Agnèle*, à *Fontfroide*, etc.

---

(1) *Potentilla maculata* Pourr. (*Loc. cit., p. 326*). C'est le *P. alpestris* Hall. Nous
ne pouvons pour le moment donner une synonymie plus complète de cette espèce
car elle est un composé de formes encore mal étudiées ; le *P. stipularis* Pourr.
(*Itinéraire*) est aussi une de ces formes.

(2) *Ranunculus geraniifolius* Pourr. (*Loc. cit., p. 326*). Cette plante appartient au
groupe du *R. montanus* des auteurs. Nous l'avons retrouvée à *Montlouis* (*Voyez
Bull. Soc. Bot. Fr.* 1871).

(3) *Rosa glauca* Pourr. (*Loc. cit., p. 326*). Il est impossible, dans l'état actuel de
nos connaissances, de déterminer sûrement cette espèce de Pourret.

(4) *Rubus inermis* Pourr. (*Loc. cit., p. 326*). Même observation que pour
l'espèce précédente.

(5) *Ruta tenuifolia* Pourr. (*Loc. cit., p. 326*). Synonyme : *Ruta montana* Vill.
(*Dauph. 3, p. 582*). Cette espèce ne doit pas être confondue avec le *R. tenuifolia*
Desf. qui doit être rapporté au *R. spathulata* Sibthorp.

Nº 967. **Saccharum laguroides** *spicâ paniculatâ cylin-
dricê coarctatâ , densè sericeâ ; floribus diandris alternis, breviter pedunculatis ; foliis sub-arundinaceis , convolutis, supremo
spathaceo ♃ (1).*

Lagurus cylindricus L.

A la mer, aux *Montes* et à la *Barque de Castelnau d'Aude.*

C'est sur la foi de M. le chevalier de Lamarck , à qui nous
avons communiqué cette plante, que nous l'avons rangée dans
le genre de *Saccharum.* Nous croyons néanmoins qu'elle doit
former un genre nouveau.

Nº 991. **Salsola splendens** *foliis lineari-lanceolatis mucro-
natis , subtus convexis, suprà planis , inferioribus racemosis , summis glomeratis ; racemis axillaribus foliosis* ☉ (2).

A *Narbonne* , dans les terres saumâtres.

Nº 992. **Salvia horminoides** *caulescens foliis oblongis ,
repandis, crenatis ; calycibus coloratis ; corollæ labiis approximatis , longitudine æqualibus ; pistillo incluso* ♂ (3).

Commune aux environs de *Narbonne.*

Elle tient le milieu entre les *Salvia verbenaca* L. et *virgata*
Jacq.

Nº 1020. **Saxifraga pubescens** *foliis radicalis , aggrega-*

---

(1) *Saccharum laguroides* Pourr. (*Loc. cit., p.* 326). Synonymes : *Imperata
cylindrica* Pal. Beauv. (*Agrost.* 7); *Saccharum cylindricum* Lamk. (*Dict*, 1, p 594);
Lagurus cylindricus L. (*Spec.* 120). On voit que Pourret ne s'était pas trompé en
pensant, à l'encontre de Lamarck, que sa plante devait former un genre nouveau.

(2) *Salsola splendens* Pourr. (*Loc. cit., p.* 327). Cette plante fut nommée par
De Candolle en 1813 *Chenopodium setigerum* (*Cat. Hort. Monsp.* 94) au mépris des
droits antérieurs de Pourret. Moquin-Tandon, d'après les mêmes errements, la fit
d'abord entrer dans son genre *Chenopodina*, et plus tard en constitua le *Suæda
setigera* (*Monog. Che Ann. Scienc. Nat.* 309). Heureusement MM. Grenier et
Godron, d'accord en cela avec notre ami Delort de Mialbe, qui dès 1850 avait émis
cette idée, s'élevèrent contre cette injustice et proposèrent de changer le *Suæda
setigera* en *S. splendens*, nom primitivement donné par l'obtenteur de l'espèce.

(3) *Salvia horminoides* Pourr. (*Loc. cit., p.* 327). Nous ne répéterons pas ici
ce que nous avons déjà dit de cette plante et de ses congénères confondues avec
elle (*Mém Acad. Toul. Ser.* 7, *vol.* 2, *p.* 241).

tis , palmatis, laciniis linearibus , pubescentibus viscidis ; caule sub-nudo paucifloro ♃ (1).

Dans les Pyrénées , à *Nouris , Eynes, Anus,* etc

N° 1053. **Sedum globiferum** *foliis teretibus obtusis, pilosis ; propaginibus globosis ; floribus cymosis pendulis* ♃ (2).

Dans la Montagne Noire , à *Pradelles* ; dans les Corbières, à *Lanet, Bugarach* , etc.

N° 1079. **Sedum rotundifolium.** *An Sedum petræum rotundifolium flore luteo montis Baldi ?* Seguier (*Fl. Veron. app. 359 , tab. XVII*) (3).

A *Llaurenti.*

La figure en question convient parfaitement bien à notre plante ; mais celle-ci a ses fleurs blanches.

N° 1079. **Sideritis fruticulosa** *foliis oblongis , profundè incisis, hirtis ; bracteis dentatis longè spinosis ; verticillis plurimis distantibus villosis* ♃ (4).

A *Narbonne* , dans les lieux pierreux.

Cette èspèce a quelque affinité avec le *Sideritis scordioides* L. Mais elle est très-différente de tous les individus que nous avons reçus ou cultivés sous ce dernier nom.

N° 1080. **Sideritis tomentosa** *foliis spathulatis obtusè dentatis , hirsutis ; stipulis quaternis minimis , foliorum formam*

---

(1) *Saxifraga pubes ens* Pourr. (*Loc. cit.*, p. 327) On confond généralement cette espèce avec le *S. mixta* Lap.; Lapeyrouse l'a décrite depuis sous le nom de *S. moschata*, qu'il ne faut pas confondre non plus avec le *S. moschata* Wulfen, qui est une espèce voisine du *S. muscoides*, du même auteur.

Le *S. pubescens* Pourr. se trouve dans les Pyrénées, depuis la vallée d'*Eynes* jusqu'à *Cauterets*, mais il est toujours rare.

(2) *Sedum globiferum* Pourr. (*Loc. cit.*, p. 327). Stendal (*Mons.* p. 552) rapporte cette plante au *S. hirsutum* All. (*Fl. Ped.* 2, p. 122, *tab.* 65, *fig.* 5).

(3) *Sedum rotundifolium* Pourr. (*Loc. cit.* , p. 327). Synonymes : *Sedum brevifolium* DC (*Rapp.* 2, p. 79); *S. sphæricum* Lap. (*Hist. Abr. Pyr.* 259).

(4) *Sideritis fruticosa* Pourr. (*Loc. cit.*, p. 328). Nous avons dit ailleurs (*Mém. Acad. Toul. Ser.* 7, v. 4, p. 354) dans un travail intitulé : *Etudes sur quelques Sideritis de la Flore française,* que cette plante n'est autre que le *S. scordoides* L. non Koch. (*Syn.* 652).

æmulantibus ; bracteis ovatis, dentatis lævè spinosis ; verticillis numerosis tomentoso-incanis ♃ (1).

A *Narbonne*, dans les champs incultes.

Il ne faut pas confondre avec le *Sideritis hirsuta* L.

N° 1081. **Sideritis alpina** *suffruticoso foliis ovato-lanceolatis, inferioribus obtusis, acutè dentatis, subpilosis ; superioribus lanceolatis, acutis, integerrimis ; spicis ovatis ; bracteis spinosis* ♃ (2).

A *Bugarach* et dans les Pyrénées, à *Carol*, *Anas*, etc.

Cette espèce est très-différente de celle qu'on cultive au jardin du Roi, qui croît aux environs de Narbonne, et qui nous a aussi été communiquée par plusieurs savants, sous le nom de *Sideritis hyssopifolia* L

N° 1093. **Silene geniculata** *foliis linearibus connatis, basi pilosis ; floribus secundis ; calycibus longis, striatis ; staminibus corollá (albâ) brevioribus* ♃ (3).

Dans les Pyrénées, à *Eynes*.

N° 1094 **Silene ciliata** *foliis ad radicem cespitosis lineari-lanceolatis, ciliatis, foliorum unica oppositione ; floribus axillaribus ; calycibus ovatis inflatis plicatis ; staminibus corollá (rubrá) longioribus* ♃ (4).

Dans les Pyrénées, à *Eynes*, *Fontrabieuse*, etc.

---

(1) *Sideritis tomentosa* Pourr. (*Loc. cit*, p. 328). Pour nous cette espèce constitue une forme voisine, mais distincte du *S. hirsuta* L. et Auct. Timb. (*Et. Sider. Fl. Fr. Loc. cit.*).

(2) *Sideritis alpina* Pourr. (*Loc. cit.*, p. 328). Dans notre travail (*Et. Sider. Fl. Fr. Loc. cit*) nous avions rapporté cette plante au *S. pyrenaica* Pourr. Mais de nouvelles recherches nous ont conduit à modifier cette manière de voir et à la réunir au *S. hyssopifolia* L. (*Ex parte*) non Llyod. (*Fl. Ouest.* p. 333).

Les *S. Gouani* et *Peyrei* Nob. sont des espèces affines. Cette dernière, a les feuilles elliptiques et très-courtes.

(3 et 4) *Silene geniculata* Pourr. (*Loc. cit.*, p. 328). *Silene ciliata* Pourr. (*Loc. cit.*, p 329). Ces deux plantes ont été réunies, avec raison, par Lapeyrouse qui en fit le *S. stellata* (*Hist. Abr. Pyr.* p. 245), car elles ne diffèrent entre elles que par leur habitat et les modifications qui en découlent ; l'une venant dans les lieux humides et herbeux, l'autre sur les rochers calcaires exposés au soleil. La couleur des fleurs varie avec l'époque de l'anthèse. D'après M. Costa (*Fl. Cat.* p. 32) Pourret aurait aussi plus tard fondues ces deux espèces ensemble pour en faire le *S. pyrenaica* Pourr.

N° 1095. **Silene littoralis** *petalis linearibus bifidis, floribus axillaribus dichotomis , pedunculatis, foliis undique hirsutis visci-dis reflexis* ⊙ (1).

A *Barcelone*, sur la plage.

Cette espèce a assez le port du *Silene nicæensis* d'Allioni , mais elle est néanmoins très-distincte.

N° 1107. **Sisymbrium erysimifolium** *foliis runcinatis ; caule hirto , siliquis brevibus approximatis* ⊙ (2).

Dans les Pyrénées , à *Rives*.

Cette plante nous a été communiquée autrefois par M. Seguier, sous le nom de *Sisymbrium Barbarea*, et par M. Spielmann, sous celui de *Sinapis pyrenaica*. Nos individus des Pyrénées ne nous ont pas paru convenir à aucune des descriptions que donne Linné des deux plantes en question. Nous ignorons si la diffé-rence de sol, qui peut y avoir apporté quelque changement, nous aurait induit en erreur ; aussi proposons-nous cette nou-velle espèce comme douteuse ; et à ce sujet, nous ajouterons que le *Sinapis pyrenaica* L. et le *Sisymbrium Barbarea* L. nous paraissent être la même espèce répétée.

N° 1111. **Solidago Narbonensis** *caule erecto tereti tomen-toso , foliis oblongo-acutis petiolatis hirtis , argutè serratis ; floribus corymbosis magnis ; corymbo composito ; pedunculis alternis uni-floris* ♃ (3).

(1) *Silene littoralis* Pourret (*Loc. cit.*, p. 329). indique cette plante sur la plage à Barcelone. M. Costa n'a rencontré en cette localité que le *S. nicæensis* All., et y a vainement cherché le *S. sericea* All., qui est le *S. littorea* Brot. Enfin M. Jordan a décrit un *S. littoralis* du groupe du *S. gallica* L., qui est commun à *Sainte-Lucie* et à *Port-Vendres* , mais qui n'a de commun que le nom avec la plante de Pourret.

(2) *Sysimbrium erysimifolium* Pourr. (*Loc. cit.*, p. 329). Nous avons dit ailleurs (*Bull. Soc. Bot. Fr. tom.* 14, *p. CXV*) que cette plante constituait une bonne espèce réunie mal à propos au *S. austriacum* DC.

Nous l'avons trouvée en abondance dans les champs et les prairies de Montlouis pendant la session extraordinaire de la *Société Botanique de France*.

(3) *Solidago narbonensis* Pourr. (*Loc. cit , p* 329). On a confondu cette plante avec le *S. Virga-aurea* L. Mais dans les Pyrénées et les Corbières le *S. Virga-aurea* est un composé de plusieurs formes affines que nous nous proposons d'étu-dier plus tard.

A *Fontlaurier*.

Nous ne saurions être de l'avis de certains Botanistes , à qui nous avons communiqué cette plante , et qui ont cru pouvoir la rapporter au *Solidago minuta* L.

N° **Sonchus aquatilis** *pedunculis calycibusque glabris umbellatis , foliis lanceolatis , runcinatis , amplexicaulibus , margine spinulosis* ♃ (1).

A *Saint-Paul de Fenouillet* , au pont de la *Fou*.

N° 1123. **Statice auriculæ-ursifolia** *caule paniculato , floribus approximatis , foliis spathulatis acutis pulverulentis* ♃ (2).

Limonium lusitanicum auriculæ ursifolio Tournef. (*Inst. 342*).

A la mer , à *Gruissan* , *Sainte-Lucie* , etc.

N° 1124. **Statice diffusa** *foliis linearibus, caule ramosissimo diffuso, ramis reflexis* ♃ (3).

A la mer , *Gruissan* , *Sainte-Lucie* , la *Nouvelle* , etc.

Plusieurs botanistes , à qui nous avons communiqué cette plante , l'ont rapportée au *Statice reticulata* L. Mais les figures de Pluknet et de Boccone , citées par Linné , ne lui conviennent pas. Nous lui attribuerions plus volontiers la 5ᵉ figure de la 42ᵉ. planche de la *Phytographie* ; mais nous ne la trouvons pas suffisante.

N° 1146. **Teucrium reptans** *stolonibus reptantibus , foliis ovato-spathulatis crenatis , retrorsum flexis , floribus capitatis albidis* ♃ (4).

---

(1) *Sonchus aquatilis* Pourr. (*Loc. cit.*, *p.* 330). Bonne espèce très-rare en France dont nous avons parlé ailleurs (*Excur. à Saint-Paul, in Bull. Soc. Scienc. Phys. Nat. Toul. vol. 1, p.* 381).

(2) *Statice auriculæ-ursifolia* Pourr. (*Loc. cit.*, *p.* 330). C'est le *Statice lychnidifolia* Gir. (*Ann. Sc. Nat. ser. 2, vol. 17, p.* 18).

La priorité doit ici appartenir à Pourret et le nom qu'il a donné à cette plante, en souvenir de Tournefort, quoique un peu long, n'en doit pas moins être conservé. Bentham (*Cat. Pyr. p.* 123) l'a appelé *S. auriculæfolie*, dénomination plus euphonique.

(3) *Statice diffusa* Pourr. (*Loc. cit.*, *p.* 330). Espèce adoptée aujourd'hui.

(4) *Teucrium reptans* Pourr. (*Loc. cit.*, *p.* 330). Synonyme bien connu : *T. pyrenaicum* L. (*Spec.* 791).

Dans les Pyrénées Espagnoles, entre *Candavano* et *Rives.*

Cette espèce nous paraît devoir être distinguée du *Teucrium pyrenaicum* L.

N° 1154. **Thesium pyrenaicum** *caulibus supremâ parte tantum floriferis, floribus racemosis pedunculatis* ♃ (1).

A *Llaurenti, Madres,* etc.

N° 1178. **Trifolium pyrenaicum** *spicis villosis oblongis ; denticulis calycinis villosis æqualibus ; caule ramoso procumbente ; foliis ovatis, stipulis maximis* ♃ (2).

Dans la vallée d'*Eynes.*

N° 1179. **Trifolium irregulare** *capitulis subrotundis floribus distichis ; calycibus striatis dentibus inæqualibus* ♃ (3).

A *Narbonne,* dans les prés.

N° 1182. **Trigonella hybrida** *leguminibus pedunculatis congestis dispermis, falcatis ; pedunculis axillaribus inermibus ; caule prostrato* ♃ (4).

A *Saint-Paul de Fenouillet,* à *Saint-Antoine,* etc.

Cette espèce, qui, abstraction faite des légumes, a tout le port du *Medicago Lupulina* L. diffère du *Trigonella corniculata* L. par sa tige couchée, ses fleurs inodores, ses légumes beaucoup moins allongés et plus larges, et ses péduncules plus courts et sans épines.

N° 1198. **Valeriana scrophulariæ-folia** *caule simplici, foliis radicalibus ovatis, inferioribus appendiculatis, cordatis,*

---

(1) *Thesium pyrenaicum* Pourr. (*Loc. cit.,* p. 331). C'est le *Th pratense* Ehrh. (*Exsicc.* n° 12).

(2) *Trifolium pyrenaicum* Pourr. (*Loc. cit.,* p. 331). C'est le *Tri. nivale* Sieb. (*Herb. Aust.* n° 236). Cette plante, que nous avons trouvée commune à la vallée d'Eynes, pourrait bien être le type sauvage du *Tri. pratense* L.

(3) *Trifolium irregulare* Pourr. (*Loc. cit.,* p. 331). C'est le *Tri. maritimum* Huds (*Angl. éd.* 1, p. 284). Synonyme bien connu.

(4) *Trigonella hybrida* Pourr. (*Loc. cit.,* p. 331). Espèce adoptée. M. Noulet (*Fl. Bass. Sous-Pyr.* p. 151) a donné à cette plante le nom de *Medicago Pourretii.* Elle est commune dans les Corbières et se retrouve à *Avignonet* et *Lacroix-Falgarde* (Haute-Garonne).

*petiolatis , petiolo longiore stricto ; superioribus ovato-lanceolatis ;
omnibus obtusè dentatis; floribus triandris* ♃ (1).

Valeriana montana altera G. B. *(Hist.* 164); J. B. *(Hist. III,
pag. 208.*

Dans les Pyrénées, à *Madres , Nouri,* etc.

Cette espèce est très-différente du *Valeriana montana* L., et
c'est à M. l'abbé Chaix, botaniste très-distingué, que nous sommes redevables de nous avoir fait remarquer qu'elle méritait
d'en être séparée. Nous en avons reçu de lui des échantillons ,
sous le nom de *Valeriana appendiculata.* Il est à propos de placer ici la phrase du *Valeriana montana* L., pour qu'on en
saisisse plus aisément la différence.

VALERIANA MONTANA *caule simplici ; foliis subdentatis radicalibus subrotundis , latè-petiolatis, inferioribus ovatis petiolatisque ,
superioribus acutis sessilibus ; floribus triandris* ♃.

N° 1202. **Valeriana apula** *floribus triandris sub-umbellatis capitatis ; caule sub-nudo ; foliis lanceolato-ovatis , integris.*
♃ (2).

A *Llaurenti, Nouri,* etc.

Malgré l'autorité de plusieurs célèbres botanistes, nous avons
cru devoir distinguer cette espèce du *Valeriana celtica* L., que
nous caractérisons de la manière suivante :

VALERIANA CELTICA *floribus triandris verticillatis ramosis ;
foliis radicalibus lanceolatis, caulinis sub linearibus* ♃.

---

(3) *Valeriana scrophulariæfolia* Pourr. *(Loc. cit., p.* 331'. C'est une forme
très-luxuriante du *V. montana* L., qui croît dans les lieux très-humides. A la
grotte de *Penne-Blanque,* à *Arbas* (Haute-Garonne), par exemple, on en trouve des
individus aux feuilles très-grandes et quelquefois auriculées à la base, les tiges
mesurant plus de cinquante centimètres de hauteur ; dans les lieux secs, au contraire, comme à *Cagire,* à *Fonds-de-Comps,* etc., les sujets n'atteignent pas 2-3 décimètres de hauteur, avec des feuilles sessiles embrassantes et à pointe très-longue.
Entre ces deux extrêmes on trouve tous les intermédiaires.

(1) *Valeriana apula* Pourr *(Loc. cit , p.* 332). Synonymes : *Valeriana heterophylla* Lois *(Fl. Gall.* 2, p. 21; 1806); *V. globulariæfolia* Ram. *(in DC Fl. Fr.* 4,
p. 236); *V. glauca* Lap. *(Hist. Abr. Fl. Pyr.* 19). On le voit, la priorité ne peut
être contestée à Pourret.

Nº 1209. **Verbascum lyratum** *caule ramoso* ; *foliis lyratis runcinatis pubescentibus ; floribus parvis* (1).

Dans la Catalogne, à *Viladrau.*

Cette espèce, qui, par le port de sa tige, a assez d'affinité avec le *Verbascum nigrum* L. , nous paraît devoir en être séparée.

Nº 1215. **Veronica nummularia** *floribus spicatis bracteatis ; foliis orbiculatis integerrimis ; caule stolonifero basi fruticuloso* ♃ (2).

An veronica nummulariæfolia Gouan (*Illust.? t.* 1, *f.* 2).

Dans les Pyrénées, à *Salvanère, Llaurenti*, etc.

Notre plante, qui est très-bien celle de Tournefort, et que nous avons collationnée dans son herbier, se rapporte assez à la disposition de M. Gouan ; mais la figure qu'il en donne appartient à une toute autre plante que nous ne connaissons pas, que nous avons cherchée vainement dans les lieux qu'il indique, et dans les herbiers de ceux qui l'ont accompagné aux Pyrénées.

Nº 1216. **Veronica pyrenaica** *caule sub-erecto stolonifero fruticuloso ; foliis ovatis reflexis ; spicis erectis densis , pedunculatis, lateralibus terminalibusque* ♃ ♄ (3).

Veronica..... Allioni (*Spec.* 1, *pag.* 21, *tab.* 4, *fig.* 3).

Dans les Pyrénées , à *Nouri , Eynes , Fontrabiouse , Carol,* etc.

La *Veronica Allionii* de M. Villar est une variété de celle-ci. Elles méritent l'une et l'autre d'être distinguées du *Veronica officinalis* L., quoique M. Linné en ait fait une variété.

N. 1216. **Vicia pyrenaica** *leguminibus sub-sessilibus solita-*

---

(1) *Verbasum lyratum* Pourr. (*Loc. cit.*, p. 332). C'est le *V. nigrum* L.

(2) *Veronica nummularia* Pourr. (*Loc. cit.*, p. 332). C'est le *V. nummulariæfolia* Gouan; *V. irregularis* Lap. (*Hist. Abr. Fl. Pyr.* 6).

(3) *Veronica pyrenaica* (*Loc. cit.*, p. 333). C'est une forme du *V. Allioni* (*Prosp.* 20).

riis penta-spermis glabris ; foliolis semi cordatis , spinulâ termi-natis ; stipulis minimis hastatis ⊙ (1).

Dans la vallée d'*Eynes.*

N. 1217. **Vinca difformis** *foliis ovato lanceolatis glabris ; floribus terminalibus irregularibus , calyce inæquali , tubo longiore* ♃ (2).

A *Fontfroide.*

N. 1246. **Ulex grandiflorus** ♃ (3).

Cette espèce , qui est très-commune dans tout le Haut-Languedoc , est trop connue pour que nous nous y arrêtions. Il nous suffit de dire que ce serait à tort qu'on la confondrait avec celle du Bas-Languedoc , qui est constamment à petites fleurs, et qu'il convient de supprimer la dénomination d'*Ulex europeus* dans Linné, pour y en substituer deux autres ; savoir , *Ulex grandiflorus* et *Ulex parviflorus* , qui forment deux espèces très-distinctes.

(1) *Vicia pyrenaica* Pourr. (*Loc. cit., p.* 333). Lapeyrouse a cherché à changer ce nom en celui de *V. Fagonii* (*Hist. Abr. Fl. Pyr.* 419) pour rappeler que Fagon avait découvert le premier cette plante dans les Pyrénées : *Vicia pyrenaica repens lignosa ciceris folio* Tournef.

(2) *Vinca difformis* Pourr. (*Loc. cit., p.* 333). C'est le *V. media* Link et Hoffm. (*Fl. Pert. tab.* 70). Cette plante, toujours plus petite dans toutes ses parties que le *V. major* L., a quelquefois des fleurs blanches comme nous l'avons vu à *Saint-Antoine de Galamus.*

(3) *Ulex grandiflorus* Pourr. (*Loc. cit., p.* 333). C'est l'*Ulex europæus* Smith. (*Fl. Brit.* p. 756). L'*Ulex parviflorus* Pourr. a été décrit depuis sous le nom d'*Ulex provincialis* Lois. (Not.. p. 105, *tab.* 6, *fig.* 2).

EXPLICATION DE LA PLANCHE.

Iberis resedæfolia, Pourret.

1. Plante réduite de moitié grandeur naturelle.

2. Deux siliques séparées, de grandeur naturelle, un peu avant leur complète maturité.

IBERIS RESEDÆFOLIA *(Pourret)*

TABLE DES MATIÈRES.

Toulouse imp. Louis et Jean-Matthieu DOULADOURE , rue Saint-Rome, 39.